生活因阅读而精彩

生活因阅读而精彩

WIN BY HUMOR
WIN BY COMMUNICATION

赢在幽默感，胜在沟通力

展啸风◎著

中国华侨出版社

图书在版编目(CIP)数据

赢在幽默感，胜在沟通力 / 展啸风著.—北京：中国华侨出版社,2014.7

ISBN 978-7-5113-4723-7

Ⅰ.①赢… Ⅱ.①展… Ⅲ.①幽默(美学)-通俗读物 ②心理交往-通俗读物 Ⅳ.①B83-49 ②C912.1-49

中国版本图书馆 CIP 数据核字(2014)第116472 号

赢在幽默感，胜在沟通力

著　　者 / 展啸风
责任编辑 / 荼　蘼
责任校对 / 孙　丽
经　　销 / 新华书店
开　　本 / 787 毫米×1092 毫米　1/16　印张/18　字数/240 千字
印　　刷 / 北京军迪印刷有限责任公司
版　　次 / 2014 年 10 月第 1 版　2020 年 5 月第 2 次印刷
书　　号 / ISBN 978-7-5113-4723-7
定　　价 / 54.00 元

中国华侨出版社　北京市朝阳区静安里 26 号通成达大厦 3 层　邮编:100028

法律顾问:陈鹰律师事务所

编辑部:(010)64443056　　64443979

发行部:(010)64443051　　传真:(010)64439708

网址:www.oveaschin.com

E-mail:oveaschin@sina.com

前言

有这样一个故事：在一次庆功宴会上，一位年轻的士兵在斟酒时，不小心把酒泼到一位将军的秃头上。士兵悚然，所有人都不敢出声，人们不禁为这个冒失的小伙子担心。让大家没想到的是，将军拍了拍士兵的肩膀，说：“老弟，你以为这种治疗能让头发再生吗?”全场立刻爆发出一阵笑声，尴尬紧张的气氛因此得以化解。

在我们身边，沟通的机会到处都是。看看自己的周围，你会发现没有一个地方是不需要沟通的。你可能会参加一些组织，从事一些需要讲话的工作；你也可能在聚会上站起来说上几句，哪怕只是附和别人的几句话。职场环境对于沟通交流能力的要求越来越高。商务会谈、辩论会、报告会、写策划案或商业计划书、电话交流、邮件联系、传真、信件……向他人传达内容的同时，也意味着与人交流的机会越来越多。沟通和交流能力的强弱，往往会影响一个人的工作业绩。

不善言谈和不善表达很容易给人留下能力低下和思想匮乏

的印象。这样的人不管处在哪一个社会层面，也不管走到哪里，都不会轻松走上人际的前台，也不会得到足够的器重和赏识，甚至只能沦为无足轻重的边缘人。所以要想摆脱这种不利的境地，就必须努力提高自己的语言表达能力，让语言成为架通事业成功的桥梁，让语言成为嫁接人生风景的纽带。

如何提升我们的沟通力，如何能让我们一言一语都恰如其分，入耳入心；一字一句都能扣人心扉，动人心弦?

幽默沟通，提升口才。一个懂得幽默的人也许所说的简单几个字，就能产生非比寻常的影响。有幽默感的人通常思路敏捷、反应迅速、无论在任何复杂的环境中，他们都能够从容不迫、妙语连珠，而且总是能凭借幽默的力量化险为夷。幽默可以化解困境之外，还可以给对方一个宽容的台阶，使对方不至于陷入尴尬之中。

幽默口才的培养，不仅仅在于口齿伶俐，借助幽默的谈吐来增强社交的生动性和亲切感，还包括被看成是一个人的优点。在西方的文化中，衡量一个人是否具有人格魅力的重要因素就是幽默感。把握了幽默的范围，掌握了适度幽默的智慧，幽默就能成为人生路上的波光艳影，成为智慧之源上绽放的最灿烂的花朵，成为大家能够享受到的心灵之光。

你是否在困惑如何在这物欲横流的世界找到沟通的桥梁?你是否在犹豫如何在这五彩缤纷的地球上找到属于自己的知音?那么来看看这本书吧!它将告诉你如何沟通、聆听。当然更重要的是要自己去行动，将书的内容付诸行动，这样才有助于真正的改变。

愿您在阅读作品的同时，体味生活点滴，学习成长智慧，领悟人生哲理。

目录
CONTENTS

上篇 / 如何用幽默来提升自己

下篇 / 如何用沟通来获取胜利

上篇

如何用幽默来提升自己

一个人的心情是晴天还是阴天，决定权都在他自己，而不是外界环境。尴尬的瞬间往往最能考验一个人的风度，只有在尴尬的气氛中依旧保持自信从容，才能做到真正的宠辱不惊，才能让自己的心境一直处于愉悦、平和的状态下。所以说，幽默是提升自己的最好武器。

第一章 ╱ 心灵美之语言美

人生是一条漫漫长路，语言的功力是我们内心的一种外在呈现，我们只有让自己内心快乐，才能让语言变得轻松而幽默，继而在人生漫漫长路上快乐地行走。

不同的思想，创造不同的世界

人生所面临的一切事物中，如果我们总是拘泥于负面思想，只会影响到我们的交流沟通。被负面思想影响，会让我们的人生道路越走越黑。

人的思想不是单一的集合，我们每个人的精神世界都是正面思想和负面思想的结合体，如果想要成功，就要做足功课，尽量消除负面思想，只有如此，我们的正面思想才能占据主导地位。

负面思想只是纸老虎，我们一捅，它就会破。因此在人生路上，就算我们跌倒了也不要害怕。失败了，爬起来看看脚下，想想失败的原因，知其然才能知其所以然，这才能让成功近在咫尺。失败是成功的先行，是对我们抗压心理的一次考验。

最初的我们都是一块块大小不一、棱角鲜明的石头，经过社会的不断冲刷，这些石头才会变成没有棱角、形状差不多的鹅卵石。而我们如果想要消除这些负面思想，首先就要坚定信心，然后就是客观分析自己，这样，负面思想才会消失。如果我们不能正确分析问题，总是喜欢把负面情绪扩大化，由此导致的后果就变得一发不可收拾了。

古时候，有个书生进京赶考，到了京城，入住了一家客栈。不知道是因为他路途疲惫还是心中紧张，晚上睡觉时一连做了三个奇怪的梦。第一个梦是他在自己家的墙头上种蔬菜；第二个梦则是自己在下雨天里赶路，戴着斗笠还打着雨伞；第三个梦是和自己心仪的姑娘躺在一起，可他们却是背靠着背，看不到对方的脸。

这三个梦让书生心里很不安。第二天一早，他就跑到算命先生那里，把自己在梦中的情形统统说了一遍。

算命先生听后，叹了口气说："我奉劝你还是回家吧！这三个梦皆是不祥之兆。你想想看，墙上怎么能够种菜呢？这就是白费劲啊！你在雨中行走，既然戴着斗笠，为何还要打伞呢？这就是多此一举啊！再说，你和自己心仪的姑娘躺在一张床上，背靠着背，这就是没希望啊！"书生一听，心里凉了一大截。

回到客栈，书生就开始收拾包袱，准备回家。客栈老板无意中看到了他的举动，觉得很奇怪，便问："再过几天就要考试了，你为何要走呢？"书生又将自己的梦告诉了客栈老板。

老板听后哈哈大笑，说："你的梦是吉祥之兆啊！在墙上种菜，摆明了就是'高种（中）'；戴着斗笠打着伞，双重保护，这就是有备无患；你跟姑娘背靠背躺着，说明你就要翻身了呀！”

听到老板的解释，书生顿时舒了一口气。他觉得很有道理，精神也为之一振，积极地应对考试。结果这位书生竟然中了状元！

不同的思想决定不同的话语，不同的话语决定不同的行动，不同的行动决定不同的结果，我们要做的就是把握好自己。过去的终将会过去，将来的也终将会到来，能把握住现在，让我们的人生继续充满希望，这样，我们的未来才不会变得遥远。我们要像重拾信心的书生一样，及时清除负面思想病毒，让我们的人生再次焕发希望，这样，我们留下的才会是思想的精华，而我们的人生也会在积极思想的带动下变得多姿多彩。

人生就是一个不断完善的过程，我们每个人都不是一个完美的人，这就注定我们要接受人生的历练，通过自身的努力打磨之后，才能脱胎换骨，才能从不完美中走出来，让自己变得更加完美。

成功或者失败，只是人生的一次历练，未来之所以让人着迷，是因为它的未知。人生没有坦途，有的只是把歧路变成坦途，以及让我们继续奋斗下去的勇气。人生是一个不断自我实现的过程，既然我们要实现自己的价值，就一定要把握好自己，不要让自己在人生旅途中掉队。人是会思考的动物，所以，我们有摒弃负面思想的主观欲望；相对地，我们也想把自己变得光鲜亮丽，成为众人瞩目的焦点。越是如此，就越需要我们时时保持清醒，这样，我们的人生才会因为奋斗而变得精彩。

我们变得乐观了，说出来的话也就自然会变得轻松幽默了。把负面思想抛诸脑后，我们才能展现出积极的思想，才能说出乐观向上的话语，只有这样乐观的人，才能吸引身边人的注意，才能让自己的语言变得更有张力。

李·艾柯卡曾经是美国福特汽车公司的总经理，之后，他又成为了克莱斯勒汽车公司的总经理。虽然我们现在看到的都是他的成功，但是他也有过挫折失败。面对层层危难的考验，李·艾柯卡挺了过来。他曾说："奋力向前。即使时运不济，我也永不绝望，哪怕天崩地裂。"正是这种积极心态的指引，李·艾柯卡才不断向成功迈进。

想当年，李·艾柯卡刚刚年满21岁时，就到了福特汽车公司当了一名见习工程师，但是，当时的李·艾柯卡另有梦想，他想搞经销，他喜欢和人交流，对眼下这些烦琐的技术工作提不起半点兴趣。

李·艾柯卡坚信自己的梦想，并且一直努力坚持走下去。经过一段时间的努力，他终于从一名普通的推销员，做到了福特公司的总经理。但是，人生有高潮，就有低谷。1978年7月13日，当了8年福特汽车公司总经理的李·艾柯卡被解雇了。昨天的他还在被万人敬仰，但是今天的他却成为最普通的一个人，他突然间就失业了。

李·艾柯卡心想，既然艰苦的日子已经来临，如果选择屈服，给自己带来的只能是灾难，而自己要做的就是做个深呼吸，勇敢地去面对生活的挑战，这样，自己才有可能在成功的道路上继续前进。

李·艾柯卡重拾了信心。他应聘到了濒临破产的克莱斯勒汽车公司担任总经理。临危受命的李·艾柯卡并没有因为公司濒临破产而倒下，而是想要依靠自己8年总经理的经验为濒临破产的公司铺平道路。

李·艾柯卡开始发挥自己的经验与智慧，对公司内部进行整顿、改革，又和国会议员进行了大规模地辩论，并由此获得了大笔贷款，让濒临破产的公司再次走上了良性发展的道路。

1983 年 8 月 15 日，克莱斯勒公司还清了所有的债务。如果当初，李·艾柯卡选择放弃，对自己自暴自弃，最后的结果只能是让自己走向深渊。现在，李·艾柯卡从心理落差中缓了过来，走出了失败的阴影并且迅速找到了自己的人生方向，最后取得了成功。

对命运不屈服，找到属于自己的人生方向，我们的人生才会变得精彩。对负面思想持什么态度，关键要看我们自己，如果我们像李·艾柯卡一样及时调整自己，把负面思想抛之脑后，这样的话，我们的信心就会重新溢满心间，而成功也会在不远处等着我们的到来。

不管是什么样的思想，只要能促使我们迈向成功，只要能让我们的人生魅力不断加强，这样的思想就是好思想。负面思想如果能加以利用，我们就能沿着成功的方向继续寻找，而经过负面思想洗礼的我们，就会感觉自己的心理承受能力提高了很多，而优秀口才也会因此离我们越来越近。

想要说好话，就要先和负面思想说再见，只有这样，我们才能被正面思想所引导，而被正面思想引导的话语也会因此变得铿锵有力。每个人都希望自己能够一语可以制百敌，这就要求我们先抛弃负面思想，因为只有这样，我们才能展现出自己真正的口才能力。

因为分享而变得绚丽多彩

我们每个人或多或少，都会存有自私心理。但是在人际交往中，如果我们太过于吝啬的话，只会让我们失去本应陪在我们身边的朋友。

交朋友最重要的就是交心，没有人会无缘无故和你成为朋友，就算你收获到了这样的朋友，你们的友谊也不会长久。朋友之间需要的是相互理解，是相互了解，只有这样，我们的心情才会变得愉快，心情好了，我们说的话也就会因此变得掷地有声了。

甲和乙是很好的朋友，有一天，他们两人一起走在林荫小路上，边走边说，非常开心。

突然，甲在草丛中发现了一样东西，因为阳光的照射，这件东西闪着耀眼的光芒。甲非常好奇，走过去一看，竟然是一把新斧头，甲非常高兴，就对乙说："你看，我捡到了什么?"甲边说边把斧头晃了晃。

乙说："这下好了，我们有一把新斧头了!"

乙非常高兴，但是甲却说："不要说'我们'，而是'我'。"

甲本来兴奋的心情马上变为了不满，乙也感到了甲情绪的变化，也开始沉默不语了。

甲和乙继续向前走，再也没有刚才的谈笑风生了。没过多久丢了斧子的失主就从他们的身后追了过来。

甲长叹了一口气：“这下看来，我们要遇到麻烦了！”

乙听了之后说：“别说‘我们’，是‘你’遇到了麻烦。你刚开始捡到斧头的时候，并没有说是‘我们’捡到的斧头。”

朋友之间要注重分享，没有必要锱铢必较，有时候过多的计较反而会失去身边的朋友。我们多说“我们”、“咱们”，少说“我”、“你”、“他”，只有少站在自身方面去思考问题，多站在集体位置去思考问题，我们才能收获友情。

生活中，我们需要这样的朋友，职场中，我们就更需要这样的朋友了。职场中，同事就是朋友，因为每个工作日你都要与他们并肩作战，不仅是要分享心情，而且还要分享工作经验，这样才能同步提高。同事之间是既竞争又合作的关系，既然同在公司这条大船上就要同舟共济，我们就应该学会分享，把自己的经验和快乐和同事们分享，只有这样，我们才能和同事成为朋友。

社会发展迅速，职场竞争激烈，我们要做的就是多和同事交流，了解他们的内心所需，然后，再去与他们沟通，就会取得意想不到的结果。我们每个人都是有感情的动物，当我们以真心待人，就必然会收获到别人的真心。

孙强是一家公司业务部门的主管，他每次看到同事时，总是板着脸，像石膏像一样，面无表情，显得非常严肃。员工看到孙强总是避而远之，不是不想，而是不敢向他靠近。孙强给员工布置任务的时候，员工总是没有任何意见就服从了，但是结果却往往大有出入。

在刚开始的时候，孙强觉得摆出一副冷峻表情更能让员工感觉到自己的威信，但是时间一长，孙强发现，自己的刻板损害的不仅是员工的利益，更是公司发展的长远利益。于是，孙强决定及时调整自己，把自己的工作经验与员工分享，不仅如此，他还及时听取员工的意见，双方分享工作中的得失，共同促进，共同发展。

这样一来，公司内部就团结了，拧成了一股绳，公司上下一心，其力自然就能断金了。

分享就是要让每个人都得到好处，也就是恩惠。不懂得分享的人在遇到困难的时候，也会渴望得到别人的帮助，但是往往对方早已反感此人，根本就不愿相帮。我们要做的，就是注重每个分享的细节，只要别人需要，我们就要分享，这样别人才会认可你，亲近你。

我们很多时候不愿意分享是因为我们怕背黑锅，但是如果你真的替别人背了黑锅，就不要去苛责什么，对方一定会把你的这份恩情铭记于心，等到你需要他帮助的时候，他也会尽力帮助你的。多分享，人性中的真善美才会逐渐被发掘出来，如果只想索取，不想付出，最后的结果只能是失道寡助。

人生路上，我们会遇到荆棘，会遇到挫折，一个人的力量是微小的，我们只有找到与自己同行的人，才能开创更好的未来。分享是我们每个人应该具备的精神品质，只有这样，我们才能在人生道路上走得长远。

分享收获的不单单是经验或者快乐，还有人情。多去分享，就会多积累到人情，这样，你的未来才会因为有了众人的加入，一起拾柴而火焰高，实现大发展。分享的是人心，得到的也是人心。只有学会分享，摆正心态的人，才能做好语言上的文章。

阳光心态，成就非凡梦想

改变口才，请先从打破思想禁锢开始。

古罗马哲学家塞尼卡曾经说过：“真正的伟人是像神一样无所畏惧的凡人。”对世界无所畏惧的人，负面思想也会惧怕他，只能避而远之，永远不敢再在他的身边出现。对世界无所畏惧就是一种强大的气场，而这种气场将会给我们带来许多我们想要的东西，而口才就是其中之一。

成功永远都是勇敢者的游戏，而我们如果想要成功，就应该从自我改变开始。我们每个人都有自己独特的思想，但是这样的思想却不一定是积极的。如果是消极的思想，那么，我们与人沟通的话语就会显得质木无文；如果是积极的思想，那么，我们就能以积极的态度面对人生。

思想是行动的先行。如果我们想要改变世界，就要先改变自己，而改变我们自己，就要先改变我们的思想。

被负面思想左右的人是可怕的，他们做事的时候会畏畏缩缩，没有目的性，每天只是得过且过，这样的结果只会让他们的人生变得平淡无味，不仅会失去本应有的精彩，更会给他们的人生带来苦难。坚持，学会隐忍，是成功者必备的素质。如果我们想要成功，我们需要的就是清楚自己需要什么，为了实现这个目标应该去做什么，只有这样，我们才会明白人生中的那些机缘，才会理解到成功的真正含义。

张海迪5岁时就患有脊髓病，几乎全身瘫痪。在残酷的命运面前，她没有沮丧和沉沦，而是以顽强的毅力和恒心与疾病作斗争，经受了严峻的考验，她对人生充满了信心。她虽然没有机会走进校门，却发愤学习，学完了小学、中学全部课程，自学了大学英语、日语、德语和世界语，并攻读了大学和硕士研究生的课程。

1983年，张海迪开始走上文学创作的道路，她以顽强毅力克服病痛和困难，精益求精地进行创作，执着地为文学而战。她的作品在海内外产生了广泛的影响。

张海迪战胜病魔、顽强进取的精神，以及她伟大的道德力量，受到了无数人的敬仰。

我们每个人都想取得成功，但是，我们仅仅是停留在思想上，却不去做，就算是做了，也是盲目地上手去做。我们每个人本身就是一个矛盾的结合体，我们有正面思想就必然会有负面思想与之相左。世界上的一切事物都是以对立统一的形式而存在的，因此我们希望什么事情发生，只要坚持，这件事就会发生。

思想也是如此，口才也是如此，这就要求我们要学会自省，只有学会自省，才能得到提升。岁月之所以能够改变一个人，主要在于每个时间段、每个地点，积极的人都在以不同的方式提升自己。我们常常会说，爱情经不起岁月的考验，其实，我们的人生又何尝不是如此呢？能够经得起岁月考验的人都已经取得了成功，他们已经站到了众人的顶端。

成功者为什么会取得成功？是因为他们和别人有多么大的不同吗？其实，

我们每个人出生的时候都是相同的，但是有人坚持不懈，最终取得了成功；而有的人则是被自己的负面思想所左右，放弃了自己当年的雄心壮志，进而消沉甚至堕落。我们都知道成功的味道香甜，而且久久不会散去，但是，很多人仅仅停留在知道的层面上，并不会坚持，由此而引发的结果就是自己打败了自己，而失败也就成了不可避免的结果了。

有这样一家公司，每当新员工来公司上班的第一天，总经理都会说这样一句话："谁也不要走进8楼那个没挂门牌的房间。"尽管大家都想知道为什么，但他们都牢牢记住领导的吩咐，谁也不去那个房间。

一个月后，公司又招聘了一批年轻人，同样的话，总经理又向新员工重复了一遍。这时，有个年轻人在下面小声嘀咕了一句："为什么？"

总经理满脸严肃地看了他一眼，回答："不为什么。"

年轻人回到自己的岗位，脑子里还在不停地闪现着那个神秘的房间：又不是公司部门的办公用房，又不是什么重要机密存放地，为什么要有这样的吩咐呢？他想去敲门看看到底是怎么回事。

同事劝年轻人要听从领导的安排，只管干好自己的工作，别的不用瞎操心。不听经理的话没有什么好果子吃，这份工作来之不易呀！可年轻人偏偏有股子犟劲儿，执意要去那个房间看个究竟。

年轻人看到那扇门被一把大锁紧紧地锁着，他有些失望地转身走了，还没有走到楼梯口他又折了回来。他想使劲地推一推，谁知轻轻一叩，门开了。不大的房间中只有一张桌子，桌子上放着一张纸条，上面用红笔写着几个字："拿这张纸条给经理。"

年轻人有些吃惊，但既然做了，就做到底，他拿着纸条去了总经理办公室，将纸条交给了总经理。令人吃惊的是，当他从总经理办公室出来时，不但没有被解雇，反而被任命为销售部经理。

总经理给了大家这样一个解释："成功是一扇虚掩的门，只有勇于走进某些'禁区'，敢于推开这扇门的人才能够取得成功。销售是最需要勇气的工作，我相信他能够胜任。"事实证明，这个年轻人果然没有辜负总经理的期望。

成功是一道虚掩的门，改变你的思想，你才能够看到不一样的光亮。每个人都有自己的思想阴暗面，我们要做的就是打开门，让阳光照射进来。阳光的光亮能够驱走黑暗，更能让我们思想重新焕发生机，这样，我们的心态才能助我们口才一臂之力，实现新的进步。

人生长路，漫漫征途。我们要做的就是敞开自己的胸怀，让自己多去接触一些人，一些事，经历是一笔宝贵的财富，它能让我们的思想更成熟，让我们的口才更加精练。如果我们想要成功，要成为人上人，就必须改变负面思想，只有这样，我们才能拥有阳光心态，才能成就自己的非凡梦想。

放下负累，轻松启程

人生不是因为锦衣玉食而快乐，而是因为内心纯净，放下生活的负累而变得轻松快乐。

荷兰哲学家斯诺宾莎说：“快乐不是美德的报酬，而是美德本身。”快乐是一种美德，因为快乐会自修身心，感动他人。当我们内心空静，不含杂质的时候，我们才会发现人生妙处，才会体会到我们口才中的那一抹出淤泥而不染。如果我们没有良好的心态，就会变得压抑，就会变得悲愤厌世，这样，处在黑暗中的我们，将会永远看不到人世间的美好，变得再也不相信自己，不相信别人了。

有一个卖早点的摊子，摊子的主人是一位长相普通的中年男人，是那种就算把他丢到人海中就很难再找出来的人。但是，他每天早晨卖早点的时候，却总有很多人来买，人多的时候，竟然会排起十几人的队伍。而隔壁还有一个早点摊，和他的一样，但为什么却无人问津呢?

原来，长相普通的人非常和善，收到别人一块钱就好像收到别人 100 块钱一样，总是开怀大笑，千谢万谢的。他的快乐情绪感染到了所有买早点的人，而就是这样的快乐情绪才让他的生意如此之好的。

快乐会形成大范围的吸引力的磁场，就像卖早点的中年人，每天总是乐呵呵的。他的生活就是无比精彩的，虽然他没有别人有钱，但是他比别人快乐，他拥有的快乐就是强大的资本，他可以比别人快乐，比别人更有人情味，比别人的内心更自由。

一个乐观的人，他的口才不用多加雕饰，就会变得轻松幽默。快乐是最具有魅力的，它可以让我们抛却烦恼，重拾信心，让彩虹永远在我们的心底绽放。生活总是苦多乐少，越是如此，就越需要我们自己寻找快乐。快乐其实很简单，心灵越简单，生活需求越少，我们就会越快乐。人生在世，百岁光阴，与其每天痛苦悲伤，我们何不选择每天快乐地过呢？

春风满面、谈笑风生的人永远不会遭到别人拒绝，谁不想活出有滋有味的人生，享受有滋有味的天伦？人生有穷尽，但是快乐却无穷时。只要我们需要快乐，想要得到快乐，就应该及时摒弃所有。

有一群年轻人，他们总感觉自己不快乐，于是，就到处寻找快乐，但是越是寻找，却越是找寻不到，反而遇到了很多负面情绪，悲伤、忧愁、痛苦等接踵而至。无奈之下，他们就跑过来向苏格拉底请教。

“老师，我们苦苦追寻快乐好久，却总是追寻不到，快乐到底在哪里呢？”这群年轻人问道。

苏格拉底并没有直接回答，而是淡淡地说：“你们不要着急，先帮我造一条船吧！”

年轻人听说要造船，就把寻找快乐的事情放到了一边，找来了造船的工具，用了整整七七四十九天，终于锯倒了一棵大树，把树心挖空了，最后，终于造好了一条独木船。

年轻人把独木船推到了水里，请苏格拉底上船。年轻人一边合力划船，一边唱起歌来。苏格拉底笑着问："孩子们，你们现在快乐了吗?"

年轻人非常开心："非常快乐!"

苏格拉底说："其实，快乐就是这么简单，当你专心于某件事的时候，它就会突然到来。"

无独有偶，曾经有一名少年去向智者请教问题，就问他："我怎么样才能变得快乐，并且能把自己的快乐带给别人呢?"

智者只说了四句话："把自己当成别人，把别人当成自己，把别人当成别人，把自己当成自己。"

少年思悟良久，终于真正明白了这四句话的深刻含义，开始了自己新的生活。随着行年渐长，他也成为了一位智者。

春天可以让鲜花绽放出动人的笑容，快乐也可以让我们绽放出迷人的笑容。岁月无情人暗换，而只有快乐永远驻扎在我们心间，永远不会消退。我们无权选择人生的终点，但是我们可以选择内心的感受，只要我们感觉到快乐，我们的人生就会受到快乐的感染，变得非常快乐。

人生的每一步都会有事情发生，随时随地都会面对问题，这正是人生对我们的一种考验。如果我们只会烦恼，只会悲伤的话，我们的人生就会被悲观的情绪所左右，而我们的世界也会因此变得一片黑暗；如果我们拥有快乐，人生就会被快乐所主宰，做起事来也会变得非常快乐，处理事情也就会变得得心应手了。

如果苦难来袭，我们要学会忍让，学会用豁达的胸襟和心中的快乐去迎接。海洋中生活的鱼不会因为一点点风浪而惊慌失措，而小河中的鱼只要受到一点异动，就会感觉如临大敌一般，惊恐无状。我们要做的就是海洋中的鱼，要学会快乐，学会用最好的状态来迎接崭新的人生。

快乐是无价的，吸引力因为快乐而变得永恒。我们不需要苦苦去追寻什么，因为我们内心的澄澈才是我们最好的生活，用心去生活，用心去体会，快乐才会在我们心灵中不断生长，而口才也会在快乐的滋养下，变得活力无限。

第二章 ／ 沉默在沟通中的意义

有人认为，沉默是万能的，如果我们这么想就错了，沉默就像爱情一样，也要选对时间地点和对象，如果我们选错了，沉默也会因此变得苍白无力。

沉默要有度

不要以为沉默就可以让一切云淡风轻，我们要学会看场合，当所有人都在等着你发言的时候，你选择沉默，就只能让所有人冷场，这时，就需要我们打破沉默，勇敢说出自己的想法。

有的人一到没词的时候，就会三缄其口，不再说话，认为这样就是对对方最有力的回击。但是任何事情都没有一招鲜，吃遍天的时候。沉默并不一定代表我们可以远离灾祸，明哲保身。有时候，沉默会把我们带进死胡同，对方会认为我们是不在意，是漠不关心。如果所有人都选择沉默，那么，世界还能会进步吗？科技还会发展吗？

沉默也要有度，过度沉默只会引发连锁效应，引起别人的记恨。

有这样两家公司进行谈判，他们分别是甲和乙，甲公司是卖方，而乙公司则是买方，两家公司谈判的气氛非常紧张，恨不得处处都是明枪暗箭，讨论到价格方面时，更是你争我赶，谁都不肯让步。

甲公司工作人员说："我公司报价是500万，贵公司有什么意见吗?"

乙公司工作人员听完甲公司工作人员报价之后面色凝重，沉默不语，只是低头看着地板，丝毫没有说话的意思。

时间就这样，不停流失着，会议室中静得可闻针落。甲公司工作人员忍耐不住了："我们退一步可以吧，450万，你看如何?"甲公司工作人员说完这话，面部表情都开始有些狰狞了，很显然，甲公司工作人员是做了很大决定。

甲公司让步了，但是乙公司工作人员还是没有说话的意思，就这样，甲一直让步，乙一直沉默，最终，价格锁定在了370万，甲公司工作人员说，不能再让步了，这已经是底线了。而且，他的脸上呈现出非常愤怒的神情。

这时乙公司工作人员皱起眉头说："以前，和我们合作的公司开出的价格要比你们低。"

接着，乙公司工作人员再次选择了沉默，这时，甲公司工作人员实在受不了乙公司工作人员的怠慢，就愤然离开了，而这次谈判使得两家公司不欢而散。

很多人认为，谈判时，越深沉，越沉默，越能让对方乱了阵脚，但是使用这样的做法是需要我们掌握好沉默的尺度。谈判时，口若悬河还是沉默不语，我们要根据具体的情境和人去分析，只有这样，我们才能找到适合自己沉默的那个时间点。

当我们与一方因为某个问题进行交涉时，尤其是在谈判之中，最忌讳的事情就是陷入僵局。双方针锋相对、互不相让，造成无法进一步沟通。这样的局面，是任何一个人都不想看到的。

面对如此状况，我们必须让舌头灵活起来，尽可能地打破僵局。你可以寻找一个合适的借口，例如“我方的合伙人在下周二将要进行一个手术，如果我们不能在那之前达成协议的话，就算之后我们签订了合同，上面没有他的签字，合同同样不会具备法律效力，我们花在谈判桌上的这些精力可就全都白费了。因此，本周日将是这次谈判的最后期限。”

这样的一段话，不仅可以稳定本方军心、抢占主动权，还能让对方也冷静下来，从而进行新一轮的谈判，打开崭新的局面。

有一年，A 公司因为需要一批高效生产设备，同 B 公司进行商务谈判。双方的谈判从下午直到夜晚，却因为价格问题，依旧没有达成共识。于是双方决定，明天再进行新一轮的谈判。

整整一个晚上，A 公司代表团没有睡觉，坐在一起商量对策，最终想出了一个绝妙的办法。到了第二天，为了打破僵局，A 方与 B 方刚一见面，就抛出了自己的撒手锏：“这样吧，明天是谈判的最后一天，是我们谈判的最后期限，如果明天仍然不能达成协议的话，我方决定另找下家。所以请您再回去仔细考虑一个晚上，让我们一起珍惜这最后的谈判机会吧!”

其实，A 方代表说得轻松，但身上的压力却不小。因为时间紧迫，年底以前必须签约，如果不能够顺利完成交易，A 方将面临来年计划无法顺利实施的窘迫局面。不过，为了拿到合理的价格，除了孤注一掷再没有办法。

令人庆幸的是，A 方的话，让 B 方也有了一定动摇。他们连连说：“让我们考虑一下，让我们考虑一下!”

第三天早上，双方再次进行谈判。A 方再一次强调：“这是最后的机会了，否则我们将另找他家。”

自然地，B 方绝不会轻易接受，但是，他们的口气已经软了许多，再没有前几日的强硬。A 方主谈代表人看到了对方态度的松动，于是主动出击，穷追不舍，仍然一口咬定对方必须将价格降到 A 方提出的价格上来，否则一切就将变得非常艰难，谈判结果也将不可预测。

最后，B 方终于妥协了，双方互让一步，以合理的价格达成协议。签署完合同后，B 方代表说：“你们可真厉害，真的是逼着我们妥协了！希望咱们能长期保持合作!”

和上面的例子相比，A 方显得更有针对性，撬开了 B 方的后门，让他们的沉默变得毫无用处，正因为这样，A 方才能找到 B 方沉默背后的弱点，然后一击必中。

有人说，谈判就是一场“没有硝烟的战争”，尤其是商务谈判，更会杀得“你死我活”。而在这个战场上，我们会迎接各种不同的敌人，他们的性格千差万别，所以无论自己经验如何丰富，也很难做到万无一失。

正因为对手的多变性，我们必须对谈判对象加以分析、分类，根据不同的性格，调整谈判策略。

在各种性格的谈判对手中，“自作清高”的对手是最常见的。多数时候，这样的沉默表现得毫无价值，对我们来说，适当的沉默可以给对方施加压力，但是一味地沉默只会给自己带来苦果。

生意场上，我们会面对各种各样的窘境，这就要求我们多去积累经验，在适当的时候，选择沉默，在适当的时候，选择沟通。谈判时，我们对于语言的把握，要能放能收，张弛有度，才能避免让自己走进死胡同，才能让自己少一些麻烦，多一些快乐。

坚守内心的阳光，照亮自己

看重自己，其实就是对自己的人生负责。

大千世界，芸芸众生，每个人都有自己独特的特点，有的人外向，天生就善于与人打交道，遇到任何人都能口若悬河，滔滔不绝；有的人则内向，天生就不善言谈，沉默寡言。当然，我们不能否定任何一个人的性格特点，但是我们之中的绝大多数人会愿意和外向的人打交道，而不会愿意赔着笑脸对着一个冷面孔的人。

内向的人固然无可厚非，但是内向到每天沉默寡言，总是沉浸在自己的世界里，就会与整个世界脱节。固守自己，活在自己的精神世界中，这样会很容易走向极端，长此以往，我们就会失去朋友，变得与世隔绝，最终被这个社会所淘汰。

某地有一个名叫大沙头贫民窟的地方，这个地方不仅环境脏乱、充满暴力，更是小偷强盗的寄居之所。罗杰·罗尔斯就是在这里出生的。

罗杰·罗尔斯在这个地方生活久了，就被这里的人和环境所影响，变得沉默寡言，经常逃学、偷盗等，几乎把所有坏事都做了个遍。

有一天在学校，罗杰·罗尔斯从教室的窗台上跳了下来，把小拇指伸到了讲台上，想再给老师搞个恶作剧，但是没想到，罗杰·罗尔斯的这个动作正被巡察的校长发现了。出乎意料，校长并没有批评罗杰·罗尔斯，而是赞美他说："你的小手指非常修长，听说小手指修长的人非常有福气，在不远的将来，你一定能成为纽约州州长。"

罗杰·罗尔斯非常惊讶，他从来没有认真考虑过自己的未来，他一直认为自己的将来一定会像这里的某些人一样，去偷盗，去抢劫，以此来度过自己的一生。但是，校长的一番话却一下子改变了罗杰·罗尔斯的人生观，他想：原来人生也可以这么过呀！

从那天开始，罗杰·罗尔斯就开始奋发图强了，他认为校长说的话不是毫无根据的，而自己也必然会成为纽约州州长的。这样一来，"纽约州州长"的梦想就像他自己的影子一样如影随形，无时无刻不在激励着他，促使他不断向前奋进。这样的改变，从此在罗杰·罗尔斯身上全都显现了出来，他不再说污言秽语了，也不再偷窃了，每天的心思全都放在学业上。

在此之后40年的时间里，罗杰·罗尔斯一直以纽约州州长的身份要求自己，功夫不负有心人，在罗杰·罗尔斯51岁那一年，他终于成为了纽约州的州长。

罗杰·罗尔斯的故事很能说明问题：沉默寡言容易让人走向极端，相对的，乐观开朗则会让我们积极乐观地面对整个世界。如果我们对这个世界失去信心，那么这个世界也会对我们失去信心。摆脱自闭心理，让自己不再沉默，我们才能找到生命中的价值，才能点亮自己的心灯，照亮前行的道路。

很多自闭者是被环境影响的，恶劣环境使得他们失去了积极的人生态度；而有的自闭者则是被挫折失败影响，从此一蹶不振，对任何事情都提不起信心了。自闭者的心理是非常黑暗的，他们会活在自己世界的框架中，变得沉默寡言，总是习惯自己和自己交流，这样，只会让他们的人生走向一条无法回头的不归路。

沉默寡言者想要摆脱黑暗，想要活出最真的自己，就应该增强自己的信念，只有拥有信念的人，才能看到希望的光亮。信念是一面旗帜，它可以改变一个人的思想和灵魂；而沉默自闭的人生则充满荆棘，会让我们寸步难行。我们要做的就是不断鼓励自己，给自己以自信，让怀疑的阴霾从人生中消散，让自己重新找回自信的美好。

艾文班·库伯是美国非常著名的法官，小时候的他因家境贫寒而生性懦弱。

库伯在密苏里州圣约瑟夫城里的一个贫民窟里长大，他父亲以裁缝为生，家境非常贫穷。小库伯很懂事，为了家里能够取暖，他每天都要到铁路边上捡一些煤块。每天，小库伯都是偷偷地去，因为他怕放学的孩子们看见，但是偏偏有很多次被这些孩子发现了。有一群淘气的孩子，经常看见衣衫褴褛的小库伯在那边捡煤块，就在小库伯回家的路上袭击他，以此来获得心理的满足。

在孩子们的不断戏弄中，小库伯一直处于自卑和恐惧的状态中。直到有一天，库伯读了一本书，内心受到了非常大的鼓舞。这本书就是荷拉修·阿尔杰写的《罗伯特的奋斗》。书中描写了和小库伯一样的少年在面对不幸时，不断地进行坚强斗争的故事。同龄孩子的故事在相互间是很有感召力的。库伯被故事所吸引，他觉得自己也可以像书中的小男孩那样生活。

在读完这本书的几个月后，库伯又去铁路上捡煤。在他回去的途中，有三个男孩追在他的身后，想要羞辱他，库伯本来想逃离开，但是他坚定地停住了脚步，把煤球紧紧握在手中，就像书中的少年一样，和命运作斗争。库伯的举动让三个孩子吓了一跳。三个孩子被库伯的气场震慑，不敢再欺负他了。

库伯获胜了，他克服了恐惧，从此完全变了一个人。

库伯通过阅读，使自己找到了人生新的起点，并最终成为了一名优秀的法官。摆脱自闭的阴霾，首先要做的就是自己看重自己，只有我们自己先看重自己，才能不断激发出自信心。

自闭的人应该学会转变，这样，内向性格就会向外向转变，而正因为这样，沉默寡言才会离我们越来越远。

有人说，人生是一场无穷无尽的行走。我们承认人生的确如此，但关键是要找到我们行走下去的动力，这样的动力到底在何方？其实，动力就在我们心里，只要我们看到动力所在并坚定地走下去，人生的美妙风景就会展现在我们面前。假如我们在日常生活中只是故步自封，沉默寡言，那么，我们的人生将会变得非常单调，就会失去了本应有的魅力，人生也不是完整的人生。

因兴趣，告别沉默

兴趣是最好的老师，是去除沉默的良药。

很多人之所以沉默，是因为他们迷茫，不知道自己未来的方向在哪里，因为不知道方向，所以才会选择沉默对待。人生长路，如果我们找不到方向，就会变得迷茫，不断徘徊。长此下去，我们的激情也会随之消退。

奥托·瓦拉赫是诺贝尔化学奖的获得者，但是他的成功道路却没有想象的那么顺利，真可谓是一波三折。

最开始的时候，奥托·瓦拉赫学的是文学，但是奥托·瓦拉赫学得非常差，老师对他的评价是“朽木不可雕也”，就算奥托·瓦拉赫再怎么努力，仍然是徒劳的。

之后，奥托·瓦拉赫就开始学习油画，但是奥托·瓦拉赫根本就没有绘画天赋，不会构图，也不会润色，他画出的油画永远都是倒数第一名。

接下来，奥托·瓦拉赫又做了很多次的尝试，但是很多老师都认为这个学生很难成才。接下来的一段时间，奥托·瓦拉赫开始变得沉默寡言了，直到他的化学老师发现他做事一丝不苟，认为如果让他专攻化学，肯定会别有一番成就。于是，奥托·瓦拉赫的沉默在一瞬间消失了，而他的热情也一下子就被点燃了，接下来，在化学领域的研究上，奥托·瓦拉赫发挥出了自己的潜能，成为了化学领域的专家，并于1910年获得了诺贝尔文学奖。

奥托·瓦拉赫就是因为找对了自己的位置，才会摆脱沉默，才会找到信心。世界第一成功导师安东尼·罗宾说："每个人身上都蕴藏着一份特殊的才能。那份才能犹如一位熟睡的巨人，等待着我们去唤醒他……当我们将他唤醒的时候，我们就可以借这个能力去改变自己的命运，实现自己的梦想。"

我们每个人都有属于自己的位置，不管这个位置平凡还是不平凡，我们都需要立足自己的位置，只有这样，我们才能点燃自己心中的火焰。每个人都有自身的兴趣，或大或小，只要给兴趣一个成长的温床，它就能茁壮成长起来，最终成长为独当一面的参天大树。我们不要抹杀自己的兴趣，他是你人生发展的动力，你要做的就是让你的兴趣变成优势，让优势变为强势，这样才能让自己乐观开朗地继续生活下去。

我们每个人看到婴儿粉嘟嘟的脸蛋都忍不住去摸一摸，抱一抱，王云也不例外，她非常喜欢孩子，她觉得儿童时期是人类最可爱、最纯真的一个时期。源于对孩子的兴趣，本来内向沉默的王云，毅然决然选择了辞去外企高薪的职位，自己创业，创办起了一家咨询公司。

2003年3月，王云和几个朋友聊天，朋友们说起自己的孩子，就是一肚子苦水，初为人父、人母，个中滋味，难以细说。王云越听越觉得这件事自己非常感兴趣，而且还能赚钱，再说，这个领域还是新兴领域，还没有多大的竞争力，如果自己及时出手，很有可能取得成功。

经过调查，王云发现，北京有30万不足3岁的孩子，就算有1%的父母需要咨询，这也是一个非常庞大的人群。

为了自己的爱好，王云本来平静的内心开始泛起波澜。创业初期，王云就投入了自己全部的资金。王云刚开始就去做了市场调查，和一些家长、孕妇进行了深入的交谈，及时了解他们的需要，不仅如此，王云还及时借鉴国外的先进经验，运用到国内中来。

刚开始创业的时候，王云每天都会亏损几千元，但是为了自己的兴趣，她还是坚持住了。当她看到孩子灿烂笑脸的时候，自己内心的热情就会再次被点燃。

王云决定采取人性化的措施，给孩子请来了教育专家作为教师，不仅如此，还为孩子提供最优质的生活环境，建立了“儿童大本营”。可以让孩子的家长和孩子们一起唱歌跳舞，这样就可以吸引到孩子的注意力。孩子们喜欢这里，家长也当然喜欢了。一个季度的培训之后，有多数的家长愿意继续进行下一季度的培训，不仅如此，他们还会介绍自己的亲戚朋友来到这里，为孩子营造起一个舒适美好的环境。

经过一段时间的试验与探索，她的咨询公司迅速发展了起来，不仅在北京开设了分公司，还扩展到了广州、深圳等地。

兴趣是最好的老师，兴趣是成功的先行，我们可以在兴趣中发现很多的机会，而这些机会就可以引导我们走向成功。更多的时候，兴趣是调节心情的一味良药，它可以把我们兴趣中的好心情带到生活和工作中去。

沉默只是暂时的，想要发展，就要突破沉默，只有这样，我们才能变得成熟。为什么很多人不愿说话，就是因为他们还没有找对真正适合自己的发展方向，兴趣是在我们人性不断发展，不断成熟之后，才会逐渐显现出来的。

很多时候，兴趣是一种快乐的先行，它可以带领我们走向快乐，走向人性中本能需求的那种简单快乐。

为什么生活中的很多人会身心疲惫，每天都是苦大仇深的表情？很大程度上就是因为他们不懂得调节，不懂得释放自己。我们在工作之余，更应该培养自己的兴趣，这样不仅可以让我们一天的疲惫消失，更能让我们心底的快乐得到最大程度的释放。

人生百味，多姿多彩，大千世界，物欲横流，我们不必去追求经天纬地的成功，但可以培养平淡闲适的兴趣。人生路漫漫，兴趣总相伴，这才是我们最真的追求，最真的快乐。

远离沉默，找到兴趣，我们才能找到人生中最精彩的部分，才能在人生征途中走得更加长远，而这样，我们才能和成功来一次亲密接触。

第三章 ／ 幽默是人际交往中的法宝

与朋友交往时，酒逢知己千杯少，话不投机半句多。但是只要我们绽放微笑，用幽默语言进行交流，就能打开对方的心门，让对方不由自主地向我们敞开心扉。

用幽默点亮心灵

我们一生中会遇到无数的人，多数都是从陌生人开始的，一回生二回熟，只要我们找到和陌生人交流的正确方式，就能让他们和我们走到一起，实现心与心的交流。

幽默有着强大的感染力，在人际交往中，幽默常常能够使你的话语感染别人，帮助你说动别人。幽默的这一作用在职场中同样能够体现出来。在职场中，无论是对老板、同事、还是下属，多使用点幽默，你的言辞就会更有感染力，让你在职场中更能“吃得开”。

每个人对陌生人都会有介怀心理，交流时，总是会自然产生一种隔膜，不会轻易让对方走进我们的心里。我们处于一个浮躁的社会之中，每天都会遇到很多无法预知的事情，这就需要我们摆正心态，多用幽默的话语融化对方的内心，只有这样，对方才会愿意和我们走。

两个人能够在茫茫人海相遇，就是一种缘分，想要把人与人之间的缘分继续下去，就需要我们学会用幽默的话语打开对方的心门。初次见面，第一印象就显得尤为重要，因为这样的印象很可能会左右我们未来关系的走向。

有一家公司举办了一次化妆品展销会，几名年轻的工作人员耐心地向顾客讲解着公司的产品，并且在介绍公司产品的制作工艺和使用方法时，还会不时地说出非常专业的术语。这些工作人员回答问题时，应变能力很强，而且非常有幽默感，正是这样的氛围感染了前来购买的顾客。

有顾客问工作人员："你们的产品真的像广告上面说得那么好吗?"

工作人员回答说："您试过之后，一定会感觉，我们的产品比广告上说得还要好!"

顾客继续追问："如果我用过之后，发现这件东西根本不怎么样，我感觉不好，你说应该怎么办?"

另外一名工作人员凑过来说："不会的，我相信您会喜欢上这种感觉的。"

工作人员风趣幽默的回答，感染了顾客，顾客在这种感染下，欣然购买了工作人员推荐的产品。

这样的案例还有很多，比如，有一位营销人员就在市场上推销灭蚊剂，营销人员滔滔不绝的话语吸引了很多顾客。有一名顾客看着营销人员，提出了一个尖锐的问题："你敢保证，你推销的这种灭蚊剂能够消灭掉所有蚊子吗?"

营销人员微笑着回答说："不敢，你没打过药的地方，蚊子肯定活得好好的。"这句看似玩笑的话表达出了营销人员的幽默应变能力。营销人员说完话，没过多久，他要销售的几箱灭蚊剂就被一抢而空了。

语言是一门艺术，怎么样说话，怎么样说好话更是一门艺术。在人与人交流中，说话沟通显得尤为重要。与人交流说话的时候，要保持微笑，想好了再说，言辞幽默，这样别人才会觉得你更容易接近，才会愿意和你交流，我们常常会信奉言多必失，进而选择少说话，这样的后果只会让别人认为你不好相处，进而对你避而远之，这样，你就失去了很多朋友。

多与人沟通，学会把握初次见面时与人交往的尺度，学会站在心灵的高度去思考问题，只有这样，我们才能给别人留下好印象。生活中如此，职场中就更是如此了，很多人每天都要与新客户打交道，每一次沟通，都需要我们最大限度地展现出自己的亲和力，只有这样，我们才能打破"陌生"的防线，和对方熟络起来。

有两位保险公司业务员，在抱怨工作压力大，公司要求苛刻。第一位说，保险公司要求他在发生10次意外事故中要有9次在意外发生当天把支票送到保险人手里。

"那算什么!"第二位员工笑着说，"我在公司大厦的23楼，你是知道的，这栋大厦有40层高。有一天我们的一个受保人从顶楼跳下来，当他经过23楼时，老板要我把支票交给他。"

在现代社会中，每个人的工作压力都很大，职场中的人际关系头绪纷杂，使得人们在工作中事事小心，身心疲惫。这时，在不影响工作的前提下，可以和老板、同事、下属开个适度的玩笑，幽默一下、活跃一下办公室的气氛。如果你可以适当地用幽默打破办公室内严肃的气氛，给枯燥的工作注入新鲜欢快的空气，这将有助于提高自己的人格魅力，同时能赢得同事的喜欢和老板的赏识，可以让你在职场中说话更有分量。

幽默的语言在工作中可以帮助缓解紧张情绪。用它来缓解工作压力，会比一些抽象的理论更奏效，这样，才能显示出语言的最佳效能。有时候，与别人开开玩笑可以获得同事的亲近感。

不管是新朋友还是老朋友，我们都要不断在彼此之间注入幽默的润滑剂，只有这样，我们才能打开心灵的枷锁，加深彼此之间的关系。我们和同事玩点幽默，自己在缓解了工作压力的同时，也帮助别人用更轻松的态度工作，这样就容易获取别人的感情共鸣，获得别人的好感。

幽默的话语可以走进人们的内心，可以让我们在面对陌生人时能放能收，展现出自己最从容的气度，才能让自己的亲和力变得更有气场。一回生，二回熟，人生需要不断突破，而沟通也需要我们从零做起。

用幽默化解困境

幽默可以让难堪的处境变得顺畅，更会让我们汲取到更多沟通的临场经验。

我们常说，马有失蹄，人有失手。在社交场合，则是人有失口。社交场合，人多口杂，面对不断到来的话语攻击，就很容易让我们陷入两难的境地。在这种情况下，我们很容易选择沉默面对，希望让这种难堪处境随着时间的推移而消失，但是事与愿违，越是等待，我们越是孤独，就越会成为身边人的众矢之的。

社交场合，即使我们和对方没有共同语言，也要尽量找到共同语言，而这时能够带领我们走出困境的就是幽默。如果总是以消极态度面对难堪，就会让我们失去灵活的思维能力，

面对麻烦，面对冷场，面对刁钻的问题，我们最需要的就是记住自己的幽默能力，而正是这样的能力，才能让我们看到痛苦背后的快乐。我们每个人都有一张嘴，除了吃饭喝水，它还能够让我们说出一些打动人心的话，而这些话，则可以让我们履浅滩如平地，更可以让我们化险为夷，继续朝着成功的方向迈进。

李某是著名的演员。有一次，李某去A国演出，演出很成功，在之后的记者招待会上，A国的记者向李某提出了刁钻的问题。

A国的记者问李某：“您是演员，我们的总统里根既是演员，又是总统。请问，您在中国也可以像里根总统一样吗?”

李某笑着回答：“我和里根不一样，他是二流演员，我是一流演员。”

简单幽默的话语，就可以凸显出一个人面对难堪处境时的睿智。李某的回答避开了政治、避开了极端。他选择了圆滑作答，进而从窘境中脱离出来。其实，人生中的浅滩是危机，也是机遇。如果我们能挺过去，能够化险为夷，就很可能会发现一片新大陆，而这片新大陆将会为我们呈现出一个新的认知视角。

与人交往过程中，求人不如求己，更多的时候，我们只能自救，只能用自己的智慧，用自己的幽默来化解来自四面八方的危机，而只有这样，我们的人格魅力才会充分地展现出来。

不同场合，需要有与之对应的处理方法，而只有这样，我们的沟通经验才会不断增长，这样一来，不管发生什么事情，我们都能展现出自己的风度。人生因为未知而精彩，我们不知道下一秒钟会发生什么，但是我们却可以用自己的幽默战胜一切。一切矛盾，一切争端，都是由我们的话语引出来的，解铃还须系铃人，想要解决问题，最根本的途径还是需要我们口才上的功夫。

职员：“经理，您实在是喜欢工作的人!”

经理：“我正在玩味这句话的含义。”

职员：“因为您一直都在不辞辛苦地、细致入微地关注着我们，看我们是不是正在努力为企业创造财富。”

相比于经理和职员，陈鹏也是一名非常淡定的员工，遇事不慌不忙，而是幽默地去陈述事实。

陈鹏在一个会计部门任职员。有一次发薪水的时候，他竟然收到了一个空的薪水袋。他没有气得暴跳如雷，也没有破口大骂。他只是去问财务部门的同事，开玩笑地说：“怎么回事，难道说要扣我的薪水，竟然达到了整整一个月的程度了吗?”当然，事情的原因是财务部门的同事弄错了。最终陈鹏得到了补发的薪水。

职员通过开经理的玩笑，拉近了同经理之间的距离，何况经理也是一个幽默的人。与上司开玩笑还要注意把握好时机；再观陈鹏，遇到窝火的事，选择了冷静，然后用轻松幽默的话语去询问，这样，不仅顾及到了对方的面子，更为这件事情的完美解决埋下了伏笔。

在职场中，面对上司、老板和同事，经常的使用一些幽默的语言能够让你很容易地就赢得他们的好感，帮助你在办公室里八面玲珑。同样，当你作为上级在面对下属的时候，你的嘴巴也需要有些幽默感。每个员工都希望他的上司平易近人、幽默而有风度。做一位幽默的上司，特别是在下属出错的时候，你的幽默会更容易用个人魅力征服你的下属。

当你运用幽默的力量去管理下属时，你会发现不仅你的意见更容易被下属接受，而且也能使下属更自由地发挥创意。幽默感能够帮助你在职场取得更大成功——因为你的属下或同事会更加认同你。

在职场中，我们如果能领略到别人的幽默对自己的好处，自己就应该同样地用幽默来感染别人。即便是为了表现我们重视别人所带给的好处，也应该经常地玩一些幽默，同别人一起欢乐，这样会帮助你获得好的人缘。

嘴巴上玩点幽默，它可以帮助你在职场中更“吃得开”。你幽默的话语能够帮助你赢得上司、同事、下属的好感；经常和别人开一些雅俗共赏的玩笑，可以使人以轻松的心情面对工作。而同时你也会发现，你在办公室里已经获得了好人缘。

处境难堪，并不妨碍我们幽默语言的频繁闪现，相对地，这样的情境正为我们幽默的出现做了一个很好的铺垫，只要我们稍加利用，幽默就自然会闪现出来了。在未来的道路上，我们才能让自己口才上的能力，百尺竿头，更进一步。

赢在幽默

幽默能化解紧张尴尬的气氛，同时也利于打开和赢得性格内敛的人的真心。

在日常生活或工作中，我们总是不断地、交替地扮演着主人和客人的角色，因此就有可能碰到各种各样的人。对于那些性格开朗的自来熟，我们尚能轻松应对，但有些人性格天生内敛，像这种慢热型的人就麻烦了。有时候，说不了几句话，双方就面露尴尬，陷入冷场的境地。

像这种时候，就要依靠幽默的力量了。

林肯就懂得用幽默来驾驭性格内敛的人。一次，俄亥俄州的布劳德前来拜访林肯。当时，站在白宫门前的士兵正等着总统前来训话，而林肯与布劳德则在一旁边走边谈，走着走着就来到了讲话的回廊，士兵们见总统到场，立刻欢呼雀跃起来。

一旁的布劳德被吓了一跳，还没等他回过神来，一位副官已经走上前对他说："请您后退几步！"布劳德这才知道自己已经走到了总统的讲台，于是立刻陷入尴尬的境地，不知如何是好。

林肯深知布劳德是个内向的人，于是立刻上前解围，他幽默地说道："知道吗？他们其实是害怕士兵分不清哪个是总统。"正是这句善意的幽默，缓解了布劳德的尴尬处境，同时也让林肯赢得了他的尊重。

后来，只要林肯有令，布劳德一定会积极响应。

性格内敛的人由于性格本身就内向，表现得更加不善言谈，也不善于与人交流。因此，我们在一开始跟他们接触的时候，往往会陷入沟通的困境。但是，这并不意味着性格内敛的人一定是难以接近和不近人情的。他们之所以很难打开心扉，是因为没能找到一个正确的方法。

健健是个从农村来的转校生，来到新环境，他好像很难适应，也从来不与周围的人讲话。老师一开始以为他只是怕生，于是就劝说了他几次，可一点作用都没有。

健健性格本来就内向，又突然来到大城市，周围环境一下子从熟悉变成了陌生，心里自然很难接受，于是表现得就更加拘谨了，再加上老师和同学的劝说，就更加害怕自己说错话，做错事，让老师和同学们笑话了。

一天，下课铃刚响，老师还没有说下课，不知道状况的健健就第一个站了起来，准备冲出教室。同学们见此情形，都哈哈大笑起来。健健满脸通红，尴尬极了。这时，老师立刻幽默地对同学们说："健健的反应能力很快，这说明他没有走神，聚精会神地听讲了，你们做到了吗？"老师一句幽默话，反而止住了大家的笑声，而健健也逐渐恢复了脸色。

从此以后，健健拘谨的状况有所改善。后来，这位聪明的老师每次都留意，只要健健出现这种状况时，都会用幽默的方式帮他缓解。后来，健健变得越来越开朗，最终很好地适应了新环境。

健健本来就是一个性格内敛的孩子，但这并不代表他不能同人正常交际，只要稍加引导，他就可以放松紧张的神经，从而打开心扉。而能够帮助他的方法就是幽默，老师正是运用了幽默的方式，才得以帮助他逐渐适应陌生环境的。

在生活中，很多人都有这种内敛、拘谨的性格，而幽默无疑是让性格内敛的人愿意接受和喜欢接受的重要策略。幽默首先能够让性格内敛的人在精神思想上有个放松，这样他们就会打开原本设防的心理，情不自禁地接受你。

然而，在实际运用的过程中，并不是所有的幽默都能达到这个效果的。这就要求人们在用幽默与人沟通的时候，一定要掌握相应的方法和手段。

自嘲式的幽默最容易被人接受。自嘲式的幽默无疑是最有效的沟通方式，因为它既不会挫伤性格内敛的人，也不会因为自己的一时大意而伤害到周围其他无辜的人。就像案例中的林肯，就是运用自嘲的方式，不但帮助了布劳德也取悦了大家。所以说，在用幽默的方式与性格内敛的人沟通时，不妨多一点自嘲式的幽默，这往往更能让你受益匪浅。

运用幽默还要能抓住时机。在与性格内敛的人进行沟通时，我们常常会产生这样一种感觉，即不知道该如何接近他们。因为性格内敛的人所散发出来的气场，总能把你拒之门外，让你无法靠近。

因此，我们要学会抓住时机。幽默并不是什么场合都能用的，也并不是所有的幽默都能起到一定作用的。对于那些内敛的人，在他们尴尬的时候，用幽默主动帮其缓解一下，在他们不知道如何解决问题时，积极地帮助他们解决，或者幽默地提醒他们一些注意事项。这些就是运用幽默的最好时机。

学会控制幽默

幽默能凸显一个人乐观、积极的心态，并能将这种正面的东西感染给大家。

“你吃了吗?”“吃了，你呢?”接着两位便攀谈起来，这是典型的中国人的寒暄。外国人也经常借生活中的一些问题来引开话题，比如“天气”、“服装”等。

可见，见面寒暄，是人们日常交流中的一个重要环节。因为经常见面的熟人，不可能总有很多话要谈，也没有多余的时间一见面就站在路边没完没了地聊；而一旦碰见了熟人，又不能嫌麻烦就装作不认识，所以我们只能上前寒暄两句。

日常生活中，很多人不重视寒暄的作用，其实寒暄对于交际大有裨益。然而，平常的寒暄可能显得太呆板，因此，为了增添生活乐趣，更为了维护良好的人际关系，我们可以在寒暄的时候打破常规，注入幽默的元素。如果能将幽默运用得当，这比见面握手更显得亲密。

连续下了几天的大雨，一家公司同事们见了面，其中一个人有点抱怨地说道："你看，这天怎么老是下雨呀？"一位比较内敛的同事立刻按常规作答："是呀，都6天了。"而另一位一连加几天班的同事则笑了笑说："莫不是龙王爷也想多捞点奖金，竟然连日加班！"另一位关注市政的同事说："一定是天上的玉皇大帝忘了修房，所以老是漏水。"还有一位喜爱文学的同事更加幽默："嘘！小声点，千万别打扰了玉皇大帝读长篇小说。"

瞧！这样比较起来，中规中矩的作答就可能很容易将谈话陷入僵局，而幽默地作答则容易活跃气氛，让交谈愉快地进行下去。

幽默的寒暄比握手更显得亲切，很多老年人喜欢跟晚辈谈心聊天，但老年人的谈话难免有些严肃和刻板。这时，年轻人就可以在言谈中加一些小幽默、开一些小玩笑，轻松愉快地和他们寒暄一番。这样就很容易和他们搞好关系，得到对方的喜爱。

一个企业人安排了一个盛大的自助餐式酒会，主人事先预备下各式各样的美酒，让参加酒会的客人们全都赞不绝口。

当人们酒意正浓的时候，一位被大家公认的品酒高手向大家寒暄道别：

“哎呀！对不起，在下先行告退了！”说着便一路来到女主人面前，女主人知道此人是出了名的“醉仙”，不禁诧异地问道：“怎么，您要回家了呀！是不是有什么地方招待不周呢？”

“不，不，您招待得真是太周到了，我是怕我如果一开始喝的话，一定会分不出来东南西北的，所以我想先行告退……”

在场所有人听了哈哈大笑，心想这人不但是醉仙，还是个不折不扣的“嘴仙”！

如果你真以为醉仙要提早离开，那就错了。面对这么多的美酒，他当然不愿意错过了，可是他又怕自己喝醉了以后会出丑，所以就在喝酒之前为喝酒之后可能会出现的情况做好铺垫，试想，有哪个主人会因为怕客人喝醉就答应让他早退呢？这样一来，这个聪明人就能尽享美酒了。

不论工作中还是生活中，都不要小看幽默寒暄的作用，它不但能使人在不知不觉中将欢笑带给别人，还能拉近自己与他人的距离。

第四章 ／ 幽默是冲突的润滑剂

我们每个人有自己独特的个性，正因为人与人各有不同，才会产生冲突，如果我们放任不管，最后，就会变得积重难返了。幽默可以让人与人之间的冲突瞬间淡化，而这所体现出的就是幽默的强大力量。

用幽默来给矛盾降温

矛盾的产生主要就是因为我们的之间的需求发生了冲突，而解决矛盾的方法也需要我们对症下药，从对方的需求入手，这样，我们才能用幽默化解矛盾。

幽默是大智慧的体现，幽默技巧最能体现“给人留下回味的余地”这个特点。它往往以独特的视角和特有的方式来反映社会生活，让人在轻松愉快中明白你所说的话。

换位思考，用幽默打消对方的戒心，打开对方心灵的牢门，只有这样，我们才能把我们的口才能力完全展现出来。如果两个人一直处于矛盾之中，我们不去主动采取行动，用话语去感染对方的话，等待我们的将会是残酷的恶果。幽默是内心的调味剂，幽默可以让我们忘掉苦涩，重新找到化解矛盾的方法。

甘罗是秦朝著名大臣，而他的爷爷也高居宰相。有一年，甘罗的年纪还小，爷爷在后花园走来走去，不停地唉声叹气。于是他走了过去，问道："爷爷，您碰到什么难事了？"

爷爷叹了口气，说："孩子，你知道吗？大王不知听了谁的挑唆，硬要吃公鸡下的蛋，命令满朝文武想法去找，如果3天内找不到，大家都得受罚。"

甘罗也有些生气，说："秦王太不讲理了！"

爷爷也点头说："哎，没办法，谁让人家是大王啊！"

这时候，甘罗开动起自己的小脑筋。很快，他想出了一个办法，说："爷爷您别急，我有办法，明天我替你上朝好了。"

爷爷禁不住他的执拗，最后只好答应他了。第二天早上，甘罗真的替爷爷上朝了。他不慌不忙地走进宫殿，向秦王施礼。

见到眼前的这个小娃娃，秦王非常不高兴："怎么来了个小娃娃？娃娃，我问你，你爷爷去哪里了？"

甘罗不慌不忙地说："大王，爷爷要我告诉您，他今天不能来啦！他正在家生孩子呢，托我替他上朝来了。"

百官闻之，无不哈哈大笑。秦王也笑出了声，说："你这孩子，怎么胡言乱语！男人家哪能生孩子？"

甘罗说："大王，既然您知道男人不能生孩子，那公鸡怎么能下蛋呢？"

秦王听完，想了想说："对啊！"于是，秦王发出了"孺子之智，大于其身"的叹服，并封甘罗为上卿。当然，找"公鸡蛋"的这件事，自然也就不提了。

甘罗的一席话，让秦王忘记了找公鸡蛋的事，更把君王和大臣之间的矛盾化解开了。

幽默这一嘴上功夫是最能感染人的，千变万化的幽默总是能够深深地打动我们，而千百年来习传至今的各种说话手段，更为幽默创造了多姿多彩的使用技巧，提供了妙趣横生的表现形式。幽默借用精妙的语言修饰，更能寓意深刻，出奇制胜，效果强烈，而矛盾也会在这一刻淡化，最终，消散于无形。

想要化解矛盾，就要有换位思考的能力，要想他人之所想，急他人之所急，再加上我们幽默诙谐的话语，就算两个人之间有再大的矛盾，也能迎刃而解。

与人交往时，我们常常会因为一点小事而激起无名之火，最终，和对方闹僵，变得一发不可收拾。很多矛盾都是从细节中不断演变过来的。我们要做的就是事先发现症结所在，然后换位思考，找到最适合的解决办法，只有这样，我们才能在不伤害别人的前提下，把彼此之间的矛盾解决掉。

人活一世，没有十全十美的事情，有的是我们尽全力去做，让事情趋于完美。我们常说，功到自然成，但是怎么样才算功到？这就需要我们在对方身上做足文章，只有这样，我们才能找到与人沟通的秘诀。

很多时候，我们总是看重自己，而轻视别人，这样的结果就会让我们与身边人脱离，等待我们的将会是朋友的不断流失。懂得站在别人位置上去思考问题，看重别人，从另一种意义上说，就是看重自己。只有先学会尊重他人，我们才能赢得尊重。

一天晚上，英国政治家约翰·威尔克斯和桑威奇伯爵在伦敦著名的牛排俱乐部共进晚餐。酒过三杯后，桑威奇伯爵带着醉意跟约翰·威尔克斯开玩笑说：“我常在想，你喜欢的人一定会死于非命，不是天花，就是被绞死。”威尔克斯立即回击说：“我的伯爵先生，那要看我是喜欢伯爵夫人还是喜欢伯爵了。”

还有一天，约翰·威尔克斯先生坐火车出差，他坐在车厢里很有礼貌地问坐在身边的一位女士：“我能抽烟吗?”女士很客气地回答：“你就像在家里一样好啦!”约翰·威尔克斯先生看看手里的那支香烟，只好把它装进烟盒，将烟盒重新放回衣袋里，叹了一口气说：“还是不能抽。”

当我们想要做一些和别人有关的事情，或者是说一些和别人有关的话语时，我们最应该做的就是推己及人。不要主观认为这些话语足够好，然后就去说，我们要先站在对方的角度去思考问题，只有这样，我们才能不得罪人，才能找到处理矛盾的最好方法。

冲突发生，我们就会变得急躁，如果在这时，失去理智，等待我们的将会是冲突不断恶化的结果。不要带着情绪来说话，当情绪高涨时，淡然处之，让幽默为矛盾降温，只有这样，我们的人生才会变得美好。

与人沟通中，我们难以避免的会出现尴尬或者是言语失当的情况，最好的办法就是让幽默为自己摆脱危机。具备优秀口才能力的人会说出幽默的话，正是这些幽默的话会让我们变得快乐，会让我们更有信心地沿着成功道路走下去。

因幽默而绽放的笑容

冲突的产生，多数都是由于我们局限于某个点上，然后不断把这个点放大造成的，正因为这样，我们和身边人之间的矛盾才会加深。矛盾出现，我们要做的就是淡化它，就是转移当事人的角度，东拉西扯，让对方在轻松幽默的环境中忘掉矛盾的痛苦，只有这样，矛盾才会逐渐淡化消失。

我们一生中，会遇到各种各样的人，这就注定了摩擦的不可避免。这就需要我们及时调节自己，用幽默的语言吸引对方的注意力，只有这样，我们才能转移对方的注意力，才能让冲突消散于无形。

西汉时期，晚年的汉武帝非常希望自己能够长生不老。有一天，他就对辞赋家东方朔说："相书上说，一个人鼻子下面的'人中'越长，命就越长；'人中'长一寸，就能活百岁，不知道是真的还是假的?"

东方朔听了这话，知道皇上又开始做起了长生不老的梦了，难免露出讥笑的神情。汉武帝见东方朔似有讥讽之意，就有些生气地质问道："你竟然敢笑话我!"

东方朔瞬间一惊，顿时意识到了自己的失态，深知若是得罪了汉武帝，肯定会吃不了兜着走。但东方朔脑袋一转，迅速想出了办法。只见他马上改变了语气，回答说："我在笑彭祖的脸太难看了。"

汉武帝问："你为什么笑彭祖呢？"

东方朔说："臣听说彭祖活了800岁，如果真像皇上刚才说的，人中长一寸能活100岁，那么彭祖的人中就有八寸之长。这样的话，他的脸岂不是太大了吗？"

汉武帝一听，明明知道东方朔是在说自己，但他却能够迅速地把矛头指向了彭祖，不禁哈哈大笑起来。

东方朔是聪明的，他用借笑彭祖的办法来讥讽汉武帝的荒唐，虽然有点指桑骂槐的意思。这种含蓄的批评却被汉武帝愉快地接受了。这种能够快速做出改变做事方式的能力充分说明了东方朔反应敏捷、果敢决断的性格。

东方朔机智幽默的语言感染了汉武帝，让本来含蓄的话语变得生动有趣。我们与人交往过程中就需要适当的幽默来调节氛围，这样，就算再尴尬的氛围也会得到及时有效的缓解。笑一笑，十年少。不仅我们需要微笑，我们身边人也需要微笑。我们要做的就是用自己的话语为他们减压，让他们快乐起来。

说话幽默需要的是圆滑处世之道，不管我们做什么事，心态很重要，如果我们快乐，我们就会说出快乐，如果我们忧伤，我们就能说出忧伤。幽默的口才需要我们拥有一个健康快乐的心情，正因为这样，我们用自己的幽默感化身边的人，让他们走近你，成为你的朋友。

某档综艺节目主持人，机智过人，不管嘉宾出什么样的题目，他都能兵来将挡，水来土掩，并且还能凭借自己的幽默智慧让对方在笑声中接受他的建议。

在他主持的一档节目中，有一位正在唱乐亭大鼓的演员，还没敲几下鼓板，那面鼓就不幸落地了。全场观众顿时惊呼一声，这名唱乐亭大鼓的演员一时间不知所措。过了一会儿，演员反应了过来，忙去捡鼓。主持人趁着这个间隙对观众亲切地说：“各位观众，其实，今天这个节目是临时增加的，这位演员没来得及带自己的鼓，没办法，他只好用别人的，这鼓有点认生，拍它两下，它就害羞躲到地上了。”观众一听，先是一惊，然后就哈哈大笑了起来，尴尬的氛围顿时得到了缓解。

接下来，有一位杂技演员上台来表演“彩蛋”节目时，一不小心把鸡蛋踩坏了一个，观众全都看见了，演员无奈，只好又换了一个鸡蛋。主持人马上过来，打圆场说：“为了增加艺术效果，让观众相信鸡蛋是真的，所以，演员就故意踩碎了一个，向大家证明一下，鸡蛋都是真的生鸡蛋。”

主持人话音未落，没想到演员又踩碎了一个鸡蛋，这时，所有观众又把目光投向到了他，主持人长叹了一口气说：“唉！这个社会的伪劣产品真是多啊！看来打假活动还要继续啊！竟然连母鸡都造假，产劣质蛋啊！”

幽默不仅会为我们带来笑声，更会为我们带来越来越多的朋友。没有人愿意和一个死气沉沉的人成为朋友。笑容是可以相互传染的，所以，尽量让我们说的话变得幽默，这样，我们才会因为幽默而绽放出最灿烂的笑容。

也许我们不会说幽默的语言，但是我们却可以微笑，快乐是会传染的。当你对别人微笑的时候，全世界都会对你微笑。著名哲学家苏格拉底说过：“在这个世界上，我们除了空气、水、阳光和微笑，我们还需要其他什么吗？”微笑是人类最伟大的表情，真诚的微笑是人生的新起点，它可以给人一种亲切感，拉近人与人之间的距离，调节人际关系，让社会变得更加和谐。

幽默换得亲和力

化解矛盾，最需要我们做的就是拥有一颗阳光般的心态，绽放最灿烂的笑容，展现出自己最灿烂的一面，只有这样乐观开朗的我们，才能在人生路上走得更加长远。

幽默来源于生活，更高于生活，适当的幽默可以感染我们自己，更可以感染到我们身边的人，让他们有一种如沐春风的感觉。著名作家罗曼·罗兰说过："生活中不缺少幽默，只是缺少发现美的眼睛罢了！"幽默也是如此，要善于发现生活中的幽默，才能发现人生中的小情趣，而正是因为有了这些小情趣，我们的人生才会变得美好。

幽默体现的是一种修养，是一种积极乐观的人生态度。幽默可以缓解氛围，也可以让别人愿意走近你，聆听你心底最真的声音。不仅名嘴们有这样的口才，就连我们身边的普通人也拥有这样一种幽默语言的能力，下面，我们就来欣赏一下他们简单而有实效的幽默能力：

某一年临近春节的时候，某公司准备自导自演一场小型的联欢会，营造一种轻松愉快的节日氛围，以此来缓解大家一年的工作压力。

联欢会上，公司员工非常热情。大家一致推荐能言善辩的涂磊等人上台表演，涂磊当然是当仁不让，只见他满脸坏笑地走上了表演舞台。上了台的涂磊彻底放开了，他到后台准备了一会儿，就以一副新娘的装扮闪亮登场，而他的“新郎”则是同一个办公室的同事郑新伟。更为让人吃惊的是，“新娘”涂磊手里还抱着一个被襁褓包裹的孩子。

这时，公司的人力资源总监王天明怀揣着所有同事的问题走上了舞台，采访了“新娘”涂磊：“我代表台下的‘观众’，问一下‘新娘’，你手上为什么会抱一个孩子呢？是你生的吗？生孩子的感觉怎么样？”王天明本来想将涂磊一军，没想到涂磊反问了王天明一句：“难道你不知道吗？”涂磊蹙起了眉头，小女人之态尽显，逗得台下“观众”哈哈大笑。

王天明愣了一下，老老实实回答说：“不知道。”

涂磊又问了一遍，而且声音明显有些上扬：“你真的不知道吗？”

王天明感觉有些莫名其妙，肯定地答道：“不知道。”

这时，涂磊一脸坏笑地说：“生孩子的感觉就是——痛并快乐着！”原来，“痛并快乐着”这五个字正是王天明每天上班的口头禅，上班时，有同事经常问他上班的感觉如何，他总是回答说：“痛并快乐着！”

台下的同事们再也控制不住自己的情感，哈哈大笑了起来，并且为涂磊机智幽默的话语，报以雷鸣般的掌声。

涂磊的机智幽默给同事们留下了深刻的印象，他善于发现生活中的笑点，然后加以利用，最终，把所有同事的情绪都调动了起来。

现实生活中，我们要做的就是学习涂磊的这种风格，要善于抓住与人谈话时的幽默点。恰合时宜的幽默可以提升一个人的品位，更可以产生一种亲和力，让别人愿意和你站到一起，去体会你的感受。

幽默能营造出一种氛围，而在这种氛围包裹下的人们会感受到一种气场，而这种气场就是由讲话者由内而外散发出来的一种人格魅力。我们要做的就是逐渐形成这种幽默气场，为我们的人际交往增加必要的砝码。

暂避锋芒，为的就是发挥出幽默的强大气场。幽默性质的巧舌如簧，可以缓和紧张尴尬的氛围，更可以让我们从危机中挣脱出来。如果说尴尬的氛围和针锋相对的话语是坚冰，那么，我们轻松幽默的语言就是春风，它能在轻松的氛围中，化解这些冲突，更能让我们从风口浪尖中全身而退。

某大公司诚聘英才，应聘者中高手如云，各种学历证书、高级职称、奖项、工作经验应有尽有。

海选、笔试、面试三轮下来，还剩11个候选人，在最后一轮的总裁亲自面试后，最终将留用6人。可奇怪的是，最终面试现场出现了12个应聘者。

总裁叫来秘书，让她拿出求职简历一一核对。

这时，坐在最后一排的一个男子站了起来："先生，我在海选的时候就被淘汰了，他们说我没有高级职称，但我真的很想参加面试，并且很有信心能够胜出。"

在场的"精英"们都笑了，包括站在门口看热闹的勤杂工。总裁饶有兴趣地问："既然你连海选都过不去，又凭什么这么有信心胜出呢？"

男子说："我掌握了很多财富，我本人即是财富。"

大家又一次笑得很开心，觉得自己看到了孔乙己。

男子接着说："我只有一个本科学历，一个中级职称，但我有11年工作经验，曾在18家公司任过职……"

总裁打断他："你学历不高，职称也不合格，工作经验倒是很不错，但先后跳槽18家公司，太没长性了，就凭这一点我也不会录用你。”

男子站起身：“先生，我从来没有跳过槽，而是那18家公司先后倒闭了。”

在场的人第三次笑了。一个应聘者说：“你还真够倒霉的!”

男子也笑了：“不，我不认为这是倒霉，这是我一生的财富！我只有31岁。”

男子继续说：“我很了解那18家公司，我曾与我的同事们努力挽救那些公司，虽然最后失败了，但我从这一系列的经历中学到了许多东西。很多人在应聘时只说自己有多么的成功，根本不敢谈及自己的失败，我不一样，我虽然没什么成功，但我有能力让公司避免错误与失败!”

男子离开座位，走到总裁面前：“我深知，成功的经验大抵相似，而失败的原因却各不相同。与其用11年学习成功的经验，不如用同样的时间去研究错误与失败；别人成功的经历很难成为我们的参考，但别人失败的过程却为我们敲响了警钟！这11年经历的18家公司，培养和锻炼了我对人、对事和对未来的洞察力。举个例子吧，真正的考官不是您，而是那位勤杂工。”男子指着门口。

这一下，全场哗然，惊愕地盯着那个勤杂工。勤杂工笑了：“很好！你第一个被录取了，因为我急于知道，我是怎么被你看穿的。”

男子走上前去和“勤杂工”握手，悄悄地对他说：“像您这样的大公司，怎么可能允许一个勤杂工站在总裁的门口看热闹呢？再说，我在电视上见过您。”

说罢，两人一同大笑了起来。

男子的幽默睿智，征服了所有人，本来已是无底深渊，但是经过他的努力，无底深渊变成了康庄大道。善于发现，学会变通，用另外一种方式来展现幽默的力量，就算再冷漠的人也会被你所打动。

幽默需要打破常规，要学会变通，这样才能让我们说出的话，旧中见新，俗中见雅。如果我们的思维太过于单一，说出来的话就会变得非常生涩，给人一种拒人于千里之外的感觉，长此以往，我们身边的朋友将会变得越来越少，而我们的人际关系也会因此变得杂乱无章。

社会心理研究表明，人们更喜欢语言上和他们接近的人。因为降低谈话者之间的差异更有利于交谈，而降低谈话者之间的差异最需要的就是幽默风趣的人来调和，他们知道在什么情况下应该说什么话，只有如此，别人才会愿意跟你走。

道歉加幽默，熄灭冲突的火焰

同事之间需要面对面、肩并肩、同劳动，如果自己的方法不当，让误会产生并加深，那么未来的职场之路就会无比坎坷。

有很多人认为，缓解关系的最好的办法就是道歉，尤其是面对领导。但是，单纯的道歉往往并不能够完全解决问题。因为道歉过后，上司可能只是原谅了你的错误行为，但心里毕竟留下了芥蒂。

我们都知道，身体上的伤痕容易愈合，而心灵上的伤痕却是很难愈合。这时，就需要我们展现出自己的幽默能力，然后，用自己的幽默化解对方内心解不开的矛盾。多数时候，道歉会显得没有力度，而这也正是左右我们和别人冰释前嫌的重要屏障，这就需要我们学会用幽默语言抚平对方内心的创伤。

而如果能在道歉中加入一些幽默的语言，对方就有可能欣赏你的口才，不仅可以让我们避祸，更有可能会让我们因祸得福，南朝大臣萧琛就是有这样口才的代表人物：

有一年，梁武帝招待群臣。酒过三巡，已有六分醉的萧琛趴在桌子上小憩。武帝见了童心大起，于是就抓起一颗栗子来投他，不偏不倚正好打中了萧琛的头。

迷迷糊糊中，萧琛抬起头，居然在酒醉之中，竟将栗子向梁武帝投了回去！立刻，席间瞬间变得鸦雀无声，萧琛的酒也一下子醒了一大半。

梁武帝脸色自然很难看，但还没说话，机灵的萧琛已经开口了："臣罪该万死！但是，陛下把赤心投给臣，臣怎敢不用战栗来回报呢？"

梁武帝听完，顿时哈哈大笑起来，说："好你个萧琛，朕饶恕你了！"

投我以木瓜，报之以琼琚；投我以赤心，报之以战栗，这显然是不合逻辑的，萧琛的举动把他推向了风口浪尖，但是他的一番机智话语，却让他从危机中摆脱了出来，而这就是幽默所能为我们带来的别样风景。

想要让人从心底忘记仇恨，就应该让自己的嘴巴变得甜一些，变得幽默一些，这样的话语能够让一个人放松，能让他忘记不愉快，更能让他变得快乐起来。

我们每个人都会道歉，但是我们只是去执行这条命令，对于这条命令所能达成的效果却漠不关心。我们真正需要做的，就是在道歉的同时，说一些能够让对方内心感到快乐的话，这样，对方就会暂时忘掉伤痛，就能让自己和对方重归于好。

无论生活中还是职场中，我们有时不免会遭遇冲突。这时就需要我们利用巧言妙语，让自己转危为安。

在电影院里，一名年轻男士在摸黑上过厕所后，来到了某座位外端的女士旁边，对她说："刚才我走出去的时候，是不是踩过你的脚？"

坐在最外端的女士很厌烦地回答道："那还用问吗？"

这样，那名年轻男士赶紧说："噢！那就是这排了！真对不起，我有严重的近视……请让我为您擦擦鞋吧……"

女士立刻笑了，表示没什么，说自己擦就可以了。

从这个幽默故事中我们可以看出，如果你冒犯了别人，对方在乎的可能不是你是否会赔偿他的损失，而是你对自己所做错事的认错态度。所以，当错误在你时，你只要诚恳地低下头，用幽默的方式向别人道歉，让对方感受到你表达歉意的一份诚心，相信大多数时候别人也会对你表示友善的谅解。

当你在别人面前失言了，千万不要慌张，关键在于懂得亡羊补牢，等待时机，先道歉，缓和矛盾，然后再用幽默语言进行调和，这样，冲突的火焰就会逐渐熄灭了。

尤其是在职场之中，我们更应该培养自己的幽默。和同事起了摩擦，我们不妨邀请他喝茶，说几个笑话，借此缓和关系；一起参加某个项目，首先拉近距离，再圆滑地“游说”一番，这样你们的关系就能迅速改善。

第五章 ／ 幽默，打开对方的心门

每个人都有属于自己的一片私人领地，不允许别人轻易触及，想要让对方卸下防备，最需要我们做的就是展现出自己幽默的能力，用幽默来打动人心，这样，我们便能把人际关系处理得游刃有余。

幽默，让心与心的距离更近

人与人能够在茫茫人海相遇，就是一种缘分，而相遇之后，又会经历一段从陌生到熟悉的过程，这个过程可能长，也可能短，白发如新，倾盖如故，就是这个道理。

人与人交流都是存有戒心的，没有任何一个人会在刚认识的时候，选择开诚布公，和我们说一些掏心贴肺的话。当我们和别人交往，遇到瓶颈时，不如多找一些幽默的话语，多去交流，这样，对方才能感觉到你的良苦用心。

两人之间沟通，要相互体谅，要学会找到两个人心灵的共鸣，交朋友最重要的就是讲心。我们要找到对方感兴趣的话题，然后用幽默诙谐的语言开始渲染，用对方感兴趣的话题展现出一抹亮色，只有这样，对方才会看到我们内心的真诚，这样，我们的心灵才会产生共鸣。

一位中年女性，为正在上小学的女儿买了一份少儿保险。

然而就在合同履行期间，却突然发生了一件事，让她坚定地退了保，甚至还损失了不少钱。究竟发生了什么事情，导致原本已经签订的保单作废？

原来，当这位女性买完保险后，之前一直为她服务的那个业务员，却突然选择了离职。后来，保险公司又指定了一个女业务员来为她进行服务。就是因为这位女业务员的无心之过，导致了退保事件的发生。

这一年，这位女性的保单到了续交保费的时候，于是，那位女业务员上门来拜访她来了。很自然地，她把保单、保费收据等材料都拿出来给业务员审核一番。业务员看过没有问题，就又给她解说了一番那份保险的功能。

也许是为了让客户更加明白这份保单的重点，这位女业务员拿起红色荧光笔在保险条款上重要的位置上涂抹。在什么教育金上涂倒也罢了，她还喋喋不休地介绍了一番如果出现意外事故，保险公司该负的保险责任。她说："我们是这么规定的，如果您的女儿自杀，那么她将无法获得保险费。还有一些医学上的特殊疾病，这也不在承保范围。一旦您的女儿患上了这些病，那么只能由自己承担。"

听到业务员的这些话，中年女性非常不高兴，脸色也差了许多。等到业务员走后，她拿起保单，左看右看更是觉得心里很不舒服，她想：我买保险，是想给女儿准备将来的教育金，并不是想她出什么事自己好得到什么补偿。但现在，保单上的"意外事故"及其责任却被涂得非常刺眼。

一连好几个星期，这位女性的精神状态都很差，耳边时常想起业务员的那些话。她总感觉到，那些话仿佛诅咒一般，时刻困扰着自己！

终于，这位女性无法忍受了。为了减轻自己的烦恼，她下决心去退保。保险公司自然想方设法劝说她不要退保，但她把保单拿给他们看，并把自己的烦恼讲了出来。无可奈何，保险公司只得接受了退保的要求。

从这个案例中我们可以看出，在一部分人的心目中，总也不乐意听到或看到什么意外、死亡、伤残等词汇。而销售人员要懂得，这并非是消费者的迷信，而是人的心理习惯、正常反应。要知道，人总是有所忌讳的，这是人的正常心理，我们不能强求，更不能冒犯，只能去顺应它。

既然如此，我们何不变换一种思路，找到让对方易接受的词语，让对方坦然接受，这样不是更好？我们的思维要灵活一些，要了解到对方的禁忌和需要，只有这样，我们才能不得罪人，才能赢得人心。

对于身份比较重要或者显赫的人，就更是如此了，我们在指责他们错误的时候，要善于变通自己的说话方式。正说不行，不妨逆道而行，从反面巧妙地指出他们的错。这样，才能让问题得以解决，达到你说话的最终目的。

有一次，欧洲举办了童子军露营，而这次活动的负责人就是基尔夫，但是他认为自己还没有准备好，他急需别人的帮助，就在这时，他把目光瞄准到了美国的一家大公司，希望他们能够慷慨解囊，帮他渡过这个难关。

为了能够让对方认可自己，基尔夫就对这家公司的大老板，做了一番详细的调查。他了解到，这位老板，曾经签出过一张300万元的支票，但是最后，他又宣布那张支票作废了，并且把这张支票装裱了起来，留作了纪念。

基尔夫了解到这一情况之后，嘴角扬起了一丝不易察觉的微笑，他知道，这张支票就是取得老板认可的重要一环。

基尔夫来到老板办公室之后，先没有提出自己的要求，而是希望能够看一下这张被装裱起来、非常具有纪念价值的支票。

基尔夫笑着说："您的这张装裱起来的300万支票，是我从来没有见到过的，这是我人生中第一次见过的，感觉非常新奇，回去我一定和我的童子军们转述这张支票，希望他们也能够体会到您的良苦用心。"

听到基尔夫的赞赏，老板的话匣子就打开了，他马上跟基尔夫讲述这张支票的由来，并且越讲越兴奋，沉浸在这种快乐的氛围中。老板边说，基尔夫边用诙谐幽默的语言应对。等到老板说完，他才想起基尔夫此行的目的还不知道，就问他："你来找我有什么事吗？"

这时，基尔夫说出了自己的要求，老板很高兴地就答应了他的请求。

基尔夫非常聪明，他没有直来直去地说出自己的要求，而是先找到老板的兴趣所在，然后，引导对方，让对方自己沉浸在美好的氛围中，这样一来，基尔夫再提出自己的要求，老板就没法再拒绝了。

找到对方的兴趣所在，唤醒对方的激情，只有这样，我们才能完成一次心灵的交流。感兴趣的话题，是我们沟通中必须要寻找的，找到对方的兴趣所在，我们找到沟通的最佳切入点，而这样的切入点正是打开对方心扉的最佳位置。

任何一个人都希望得到对方的重视，希望得到对方的认可，而去找寻两个人感兴趣的话题。而只有这样，我们才能让两个人心与心的距离拉近，才能让我们用自己的口才办成更多的事。

语言因幽默而有魅力

幽默是我们生活中的作料，如果没有幽默的味道，我们的生活将会变得单调无味，而我们的人生将会因此变得索然无味。

人一生要经历很多的事，这就需要我们拥有一份阳光的心态，只有快乐的人才能活出真正快乐的人生。悲观者说：“蔷薇有刺。”而乐观者说：“刺里有蔷薇。”每天给自己一个希望，每天都将拥有好的心情。人生中需要这种积极乐观的态度，只有这样，我们才能在人生长路上砥砺前行。

李婕在一所学校面试时被问到了这样一个问题：“请问为什么你要选择教师作为你的职业?”

李婕心想，如果自己说因为喜欢孩子或是因为教师是个神圣的职业之类的话，那就太没创意了，也不会给考官留下深刻的印象，于是李婕灵机一动，回答道：“小时候我曾立志要做伟人的妻子，长大以后才发现，我这个理想是不大可能实现了，于是我改变了主意，我决定成为伟人的老师。”

这一番话，让现场的考官忍俊不禁。最终，李婕果然被录取了。

幽默的语言风格需要的是我们不断的经历，多去经历，感悟越来越多的人生哲理。只有如此，我们才能发现人生中的美好，才会对说话之道有更深层次的了解。

我们手上掌握着人生的遥控器，我们可以随时选择切换到快乐频道，让我们的人生继续精彩下去，而只有这样，我们的口才才能展现出更加让人忌妒的魅力。

一位女作家的一部长篇小说，发表后引起轰动，一时成为最畅销的热门书。有个评论家曾向女作家求婚遭到拒绝，怀恨在心，经常在评论中旁敲侧击地贬低这位女作家的才干。有一次文学界举行聚会，许多人当面向女作家表示祝贺，称赞作品的成功。女作家一一表示感谢。忽然那位评论家分开众人，挤到前面，大声向女作家说道："您这部书的确十分精彩，但不知您能否透露一下秘密，这本书究竟是谁替您写的?"

女作家还陶醉在众人的赞扬声中，冷不防他竟会提出这样的问题，就在她一愣的刹那，已有人偷偷发笑了。女作家立即清醒地估量了形势，做问题以外的争吵于自己不利。她马上镇静下来，露出谦和的笑容，对评论家说道："您能这样公正恰当地评价我的作品，我感到十分荣幸，并向您表示由衷地感激！但不知您能否告诉我，这本书是谁替您读的呢?"

随机应变，随性幽默，往往能迸发出无坚不摧的力量。

齐治·其瑞出生于一个木匠的家庭，他在上流社会中从不隐讳自己的出身。

有个贵族子弟忌妒他的才华，在众人面前想出出他的洋相，就高声地问道："对不起，请问阁下的父亲是不是木匠?"

“不错，您说得很对。”诗人回答。

“那他为什么没把你培养成木匠?”

齐治微笑着，很有礼貌地反问：“对不起，那阁下的父亲想必是绅士了?”

“那当然!”这位贵族子弟傲气十足地回答。

“那他怎么没把你培养成绅士呢?”

幽默贵在收敛攻击的锋芒，这是对一般情况而言，而在特殊情况下，就不尽然了。尤其是在极其卑劣的事和人面前，或者对外来的攻击忍无可忍之时，过分轻松的调笑，不但显得软弱无能，缺乏正义感，而且会导致对方更嚣张地进攻。更多的时候，幽默的语言是随性的，是不假思索就能从口中说出来的，而这样的话往往会有直指人心的作用。

幽默的语言可以让我们不断发现快乐的真谛，阳光般地生活下去。我们都喜欢和乐观的人交流，他们积极的人生态度很容易感染到我们，就算我们情绪不好，也会在他们幽默话语的感染下，走出阴霾，为自己的人生增加一抹亮色。

幽默的语言可以让我们笑，也可以让我们哭，而其中主要就是要看讲话者的说话方式。幽默来源于我们乐观的心态，有幽默感的人从来不会缺少动力，他们会为了让自己的幽默语言更上一层楼而锲而不舍地努力。

想要让自己的语言变得幽默起来，就应该努力去做好自己，让自己不断地从生活中真正学到一些东西，而这些东西将会很好地促进我们成熟，让我们语言变得更有魅力。

幽默是一种智慧

幽默的语言，说得适度，自然能赢得对方的好感；如果我们说得失当，捅破了最后一层纸，就会收获到截然相反的结果。

人生的能力不在于手上拿着一副好牌，而在于能够打好一副破牌。遇事淡然一些，再好的事情，如果超过一个限度，也会变成恶事，我们常说的“否极泰来”，也是这个道理。与人沟通，不仅要诙谐幽默，让对方放下防线，更重要的就是要掌握好火候，只有这样，我们才能在不逾越规矩的基础上，把自己幽默风趣的一面淋漓尽致地展现出来。

拿破仑曾经经历了一次非常激烈的战斗，在这次战斗中，拿破仑率领他的部队，拼命抵挡，最后，终于抵挡住了敌人疯狂的进攻，敌人无奈之下，只好选择了撤退。

这时，通信兵向拿破仑报告：“敌军正在撤退！”

拿破仑马上纠正他说道：“你说错了，敌人仍然在进攻，只是把进攻的方向搞反了！”

简单的语言体现出的却是临危不乱的幽默，拿破仑做到了，不仅他做到了，主持人穆哈米也做到了。

穆哈米曾经主持过一档晚会，这次晚会的主角没有多少人，只有穆哈米和几个文艺界的名流，他们要站在舞台上提问回答，虽然看起来简单，但是他们的表现却博得了满堂彩。

当时，舞台上有一位文艺界德高望重的老人，他叫雷利，此人两鬓已然斑白，拄着拐杖，蹒跚地走上了台。

穆哈米看到他如此，就非常担心他的身体："老先生，你是不是每天都要去看医生?"

雷利回答说："是的，要经常去看。"

穆哈米问道："为什么要经常去看医生?"

雷利不紧不慢地回答说："因为只有我经常去看医生，医生才能依靠我的诊费活下去。"雷利话音未落，台下的观众就为他的机智幽默鼓起掌来。

这时，穆哈米又问："你常去药店买药吗?"

雷利回答说："当然，我要常去的，只有这样，药店老板才能继续生活下去。"台下再次响起了阵阵掌声。

穆哈米问："那你应该经常吃药吧?"

雷利看着穆哈米说："不，我会把买来的药扔掉，因为，我也要生活下去。"

穆哈米转移话题，继续问道："嫂子最近怎么样？她还好吗?"

雷利故作惊讶，回答说："啊，还是那一个，我没换。"

拿破仑的幽默在于他临危不乱的淡定，而雷利的幽默则是在于他经历过人生洗练之后的淡然。遇事不慌，学会站在另外一个角度去思考问题，这样，我们才会万事不萦于怀，才能遇事冷静淡然。

幽默是人生前行路中不可或缺的一种感悟。它不单单是一种简单的快乐，更是经历过人生大起大落之后的淡然。我们经历得多了，了解得多了，自然会看淡很多。

我们需要不断寻找幽默，只有感悟到人生的真谛，才能让自己的幽默口才变得铿锵有力，才能让身边的人感觉是如沐春风，才能化解掉身边的尴尬。

幽默应该先从练习微笑开始，只有我们自己会笑，才能引导别人去笑。更多的时候，人生需要的是微笑，而不是苦恼、愤怒、懒惰等负面情绪，只要我们愿意去笑，我们的口才就自然会被我们的幽默所引导，一步一步，带领我们攀登上一个又一个口才高峰。

有一次，马克·吐温回答记者提问时语出惊人："美国国会中有些议员是狗娘养的。"

国会议员们大为震怒，纷纷要求马克·吐温道歉，否则将诉诸法律。

几天后，马克·吐温的道歉声明果然登了出来："日前本人在酒席中说有些国会议员是狗娘养的。事后有人向我大兴问罪之师；经我再三考虑，我深悔此言不妥，特登报声明，把我的话修正如下：'美国国会中有些议员不是狗娘养的'。"

表面上马克·吐温对议员们进行了妥协，而实际上在似变未变中，攻击的锋芒更胜上回，幽默气氛也由此而生，令对方哭笑不得。这样的例子还有很多，一位农夫就懂得。

从前，有个农夫很有骨气，从不肯讨好地主。

地主问他："你为什么不奉承我呢？"

农夫答：“你有钱是你的，又不肯白送给我，我为什么要奉承你?”地主说：“那好！我把钱送四分之一给你，怎么样?”

农夫说：“这不够公平，我还是不奉承你。”地主说：“那么，分一半给你，总该奉承我了吧?”农夫答：“那时我和你一样有钱，我为什么要奉承你?”

地主说：“那么，我把家当全给你，总可以奉承我了吧。”

农夫说：“到那时候，我是富人，你是穷人，更用不着奉承你了。”

这农夫坚持自己的原则，万变不离其宗，既愚弄了地主，也显示了自己是有骨气的。这种淡定的情怀，不是一般人能相比的。

我们都希望拥有名人优秀的口才能力，但是现实往往是残酷的，我们很难达到一个如此高的境界。如果我们希望向这个目标不断趋近，就应该严格要求自己，不断提高自己的沟通能力。在实践中不断增加经验，这样，我们才能离幽默之道越来越近。

第六章 / 幽默激发正能量

人生长路，总会遇到喜怒悲欢也会在不经意间身处其中，当我们身边的人冷漠时，应用幽默温暖冷漠，我们才能一直在成功的道路上坚定不移地走下去，创造出一个又一个新的奇迹。

生活因幽默而美好

多说一些俏皮的话，就可以让爱情增值几分，不断为爱情注入新鲜活力，人生才会变得美好。

我们常说，夫妻应该相敬如宾、客客气气。但是，如果夫妻之间只是如此，客气得就像“最熟悉的陌生人”，那么，生活也就味同嚼蜡，太无生气了。时间一长，彼此的关系就会渐渐疏远，原本令人羡慕的小两口，却在家里打起了“冷战”。

家庭生活中，俏皮的语言是必不可少的点缀。如果说家庭生活就像一碗汤，家庭之爱像汤里的盐，那么，幽默就是这碗汤里的胡椒面。没了胡椒面，这碗汤的味道就差了许多。所以，融入幽默的家庭生活才更有趣、更美满、更和谐，就像下面这对小夫妻：

郭凯和妻子王倩刚刚结婚不久，两人的生活中充满了各种小幽默。前一段的经济危机，让王倩失去了工作，每天只好待在家里。郭凯有点不高兴，说："你都快变成废物了，却怎么一点儿都不懂得废物利用?"

王倩眨了眨眼睛，说："就是因为很懂得，所以才嫁给了你。你放心吧，我可不会一辈子指望着你，明天我就让你看看，我这个废物，会比你这堆废物更抢手!"

妻子的话，让郭凯笑了，之前的不快烟消云散。

一年后，郭凯因为工作成绩优秀，晋升为部门经理，每天工作都很忙，有时候不免冷落了妻子。当他闲下来时，这才想起，一个星期前就是妻子的生日。于是他急忙买了一份礼物，然后送给王倩，并说："我问珠宝店的小姐，对上周的生日该送什么礼物好?"

一下子，王倩几天来的不高兴立刻烟消云散。她莞尔一笑，说："我就知道，你是个难得买礼物的人。你老是忘了生日和结婚纪念日，看来将来我要请个师傅，把这些日期都文在你的脑门上!"

当然，夫妻之间有时候也会争吵，郭凯和王倩也不例外。在某一次争吵的高潮中，王倩说："天哪，这哪像个家! 我再也不能在这样的家里待下去了!"说完，她就拎起自己放衣服的皮箱，夺门而出。

王倩刚走出门，就听见郭凯在身后喊："等等我，咱们一起走! 天哪，这样的家有谁能待下去呢!"她"扑哧"一下笑了，然后放下箱子，一脸微笑地转过身子……

郭凯与王倩的快乐生活，有谁不羡慕呢？所以，我们应该放下矜持，和他们一样，让家庭里多充满俏皮与幽默的气氛。

想要让生活充满快乐，那么我们就必须挖掘生活中的幽默。其实在生活中，幽默随处都在，柴米油盐皆可幽默。但是，两个人步入家庭后由于锅碗瓢盆、柴米油盐等家庭琐事，往往会造成婚后生活日渐平淡乏味，和恋爱时的浪漫激情形成鲜明的反差。其实，那些都只是表面的现象，其内在的根源在于夫妻双方的心态都发生了变化，因为双方之间过于熟悉而使得生活没有了新鲜的味道。

如果夫妻双方能够改变心态，用心观察生活，那么现实就会截然不同。

下面，我们将给大家带来一些绝密的“武林秘籍”，供你在家庭生活中使用：

丈夫和朋友出去喝酒回来得很晚，妻子发怒：“再喝酒，我们就离婚！三条腿的蛤蟆难找，两条腿的男人满大街都是！”这时候，你不妨这么说：“真的啊？其实，我就是你传说中的蛤蟆王子，三条腿的蛤蟆很难找吗？恭喜你！你找到了。”

想让丈夫早点回家，妻子不妨这么说：“老公，早点回来啊，回来晚了街上有女流氓，会对你劫财劫色！”

妻子总抱怨你们之间兴趣不同，这时你可以如此说：“老婆，你爱你自己吗？”妻子说：“那当然了！”你说：“我也爱你。这算是咱们的共同爱好吧？”

丈夫运动完，一身臭汗地想拥抱你，你可以说：“别了，你现在给我的拥抱可能只有热，没有情。”

夫妻俩吵架，妻子提出要分居，你说：“可以啊，咱们在家就能分居，你睡床左边，我睡床右边。”

不是一家人，不进一家门。爱情就像超市中的商品一样，都是有保质期的。我们只有不断让爱情焕发新的热度，才能让它永远新鲜。

既然彼此有缘，一起走到了现在，我们就应该多说俏皮话，这样，不仅可以缓和气氛，更可以让另一半感受到自己的爱。所以，俏皮话一定要表现出体贴。只有多一些调剂，我们的围城城墙才会变得越来越牢固，也只有如此，我们的家庭生活才会幸福美满。

平淡，不乏精彩之处

幽默能够为我们驱走严寒，让我们看到新希望，而在这样的基础上，还需要我们相互之间的理解。

沟通与其说是一种交流，不如说是一种互相理解，这样，我们才能找到对方内心真正的需求，然后对症下药，使我们的幽默才能发挥出最好的效果。尤其是在亲情、爱情、友情等关系上，就更需要我们体察入微，真正走进对方的内心。幽默体贴的话语，再加上无微不至的关怀，我们就能让彼此之间的情感更深入一层。

苏格拉底和妻子在结婚之前，谈了很长时间的恋爱，但是在结婚之前，他一直不知道自己妻子的脾气很坏。等到结婚之后，苏格拉底才发现，他的妻子脾气非常不好，这让他感觉，万事万物都没有完美的，但是他仍经常鼓励身边人结婚。

苏格拉底经常对身边人说："不管是好脾气的太太还是坏脾气的太太，都是促进我们成功的法宝。娶到脾气好的太太，我们可以终生幸福；娶到脾气不好的太太，那就更好了，那样一来，我们就可以成为'哲学家'了。"

苏格拉底的自嘲，让我们看到了一位哲学家的幽默功力。当然，生活中也有很多这样的案例，比如：

有一对结婚很久的夫妻，有一天丈夫问妻子："你发现没有，我现在胡子已经变白了，而且越来越白，而我的头发却还是黑的，这让外人看到，肯定会认为我的头发是染的，唉，你说这可怎么办呢？"

妻子看着丈夫说："胡子白了，头发仍然很黑，这就说明，你每天光顾着动嘴皮子，却从来不动脑子！"

夫妻之间，最重要的就是相互理解，当然，如果在理解的基础上，再加一些幽默语言，就可以让本来难以调和的夫妻关系变得云淡风轻起来。夫妻是要过一辈子的，如果夫妻之间无法兼顾彼此，无法相互理解的话，还谈什么能过完一生？

夫妻之间虽然亲密，但毕竟还是不同的两个人，这时，就需要我们营造出一种气氛，让对方感觉到，身边的你，才是真正在乎他（她）的人。幽默风趣的语言是建立在相互理解的基础上的，人生没有尽善尽美，但却能通过我们的不断努力，让其趋于完美。

有一对夫妻，有一天，丈夫与客户相约，要去谈事情，特意穿上了一件洁白的上衣。但没想到，回来的时候，他全身都湿透了，并且因为走路不小心，还摔了一跤，洁白的上衣上面沾满了污泥。

回到家中的时候，家中狗狂叫不止，丈夫非常生气，就想踹它几脚，但是却被妻子拦住了。

妻子说："别打它了，没什么大不了的。"

丈夫很是生气："这条狗真是太不像话了！竟然连我都认不出来了！"

妻子慢悠悠地说："亲爱的，你要换个角度想想，如果咱们家的白狗，跑出去一圈，然后变成一条黑狗回来，你还能认得出来吗？"

平淡的生活中，不乏精彩之处，这就需要我们时时用心，只有这样，我们才能让感情更加有质感，也只有这样，我们才能发现更多的人生亮色。

罗曼·罗兰说："生活中不缺少美，只是缺少发现美的眼睛。"如果我们总是能看到对方的优点，那么，我们的生活就会变得轻松美好许多。人生中固然有不如意的事情，但是如果这些事情发生的时候，有人和你一起承担，有人在困难的时候关心你，那么，生活中还有什么事情是过不去的呢？

有一对夫妻，结婚了20年，妻子为丈夫煮了20年饭。但是，最近，妻子煮的饭菜越来越难吃了，不单单是口味不同了，就连菜也烧焦了。

丈夫默默吃着，妻子知道，这些都是她的错。当丈夫吃完之后，妻子准备收拾碗筷离开。就在这时，丈夫冲了过来，把她紧紧抱住，在她脸上吻个不停。

妻子问他："你今天这是怎么了？"

丈夫笑着说："你今天做的饭菜和咱们刚结婚的时候做的一模一样，既然饭菜一样，现在，我就要把你当成新娘子对待了！"

丈夫的亲昵举动，再加上一番柔情款款的话语，使得妻子融化在丈夫怀中，感受着浓浓的爱意。

生活中，要注意调节气氛，不管是谁出现了问题，另外一个都要主动迎上去，进行调和，只有这样，两个人的感情才不会冰冷。既然走到一起，就要学会体谅，人生岂能事事尽如人意，就算是“执子之手，与子偕老”的人之间也会发生摩擦，越是如此，就越需要我们展现出自己独特的魅力，让摩擦消散于无形。

幸福就是相互了解，相互忍让，如果谁都不肯做出让步，幸福就变成空谈了。生活中，我们需要更多的相互理解，正因为相互了解得多，我们才更应该学会忍让。

每个人都有自己的情感，有的人愿意表达出来，而有的人则会选择隐藏。这时，就需要我们勇敢站出来，展现出自己温暖阳光的一面，用自己的爱来融化对方的冷漠，只有这样，我们才能维系好身边的诸多情感。

冷漠因幽默而消失

生活中，有很多人说话没有侧重点，总是东扯一句，西扯一句，让人总是摸不着头脑，这时就需要我们找到自己话语中的重点，用最短的话语呈现出更广阔的世界。

很多事情，说得太多不如一句话来得更有力量，这就是所谓的点睛之语，我们常说一语惊醒梦中人，而这样的话语正是我们与人沟通的重要法宝。这样的点睛之语，多数都是诙谐幽默的语言，而也只有这样的语言，才能让对方体会到我们的良苦用心。

冷漠的人往往不是因为他们生性冷漠，而是因为他们对身边的人、身边的事失去了兴趣，这时，如果我们想要让对方消除冷漠，就不应该用繁杂的话语，这样的话语，只会让他们感到烦躁，更会让他们的冷漠加深，长此以往，对方就再也摆脱不了冷漠的囚笼了。

梁朝时期，张僧繇是当时著名的画家，有一次，皇帝传召了他，让他在金陵安乐寺的墙壁上画龙，张僧繇画得非常认真，三天之后，一条龙就在墙上跃跃欲试，似要冲天而去。

皇帝仔细看着这条龙，他发现这条龙没有眼睛，就问他："张爱卿，你画的龙为何没有眼睛呢?”

张僧繇不紧不慢地回答说:“不是我不想给龙点睛,而是如果我给龙点睛了,它就要飞走了。”

皇帝哈哈大笑起来,认为张僧繇一定是疯了。张僧繇为了验证他的话,就给龙点上了眼睛。这时,雷电大作,这条龙从墙上飞了下来,冲天而去。

这就是“画龙点睛”的故事,关键时刻的关键话语,往往能融化一个人冰冷的内心。没有冰冷的人心,只有受过伤,无法回头的内心,这就需要我们多一些幽默,展现出自己的温暖,用自己短小精悍的话语,打动对方冰冷的内心。

人生路漫漫,不开心只是暂时的,冷漠也是暂时的,我们只有让自己时时刻刻拥有幽默细胞,才能帮助自己,帮助别人,化解冷漠。每个人都希望自己变得快乐,但是很多人的心中还会布下很深的防线,这样一来,别人一靠近,就会被自然地弹开。所以我们应该先用幽默的话语,让对方卸下防备,这样,对方才会向我们敞开心扉。

幽默是一种艺术,它能时时刻刻散发美感,这样的美感可以感染到身边的人,就算他们再冷漠,只要我们把自己的幽默能力展现出来,让他们看到我们的乐观的一面,这样,他们的冷漠就自然会在无形中消失了。

幽默感是一笔财富,很多人把时间全都浪费在沉默上,浪费在悲伤痛苦上了,这样一来,不仅自己会变得不快乐,而且会浪费掉我们很多宝贵的时间,而乐观的我们不仅会带动自己,更会带动起身边的人,让他们沉浸在我们幽默的话语中,更会因为我们的某一句话而触动心弦,这样,别人才会因为我们的生动语言而感到温暖。

在一所大学，有一个植物系的专业，由于这个专业非常冷门，所以，很多老师认为，上这门专业课的学生会非常少，就算有一些，也会面无表情，冷漠地听课，因为这样的课实在是太乏味了。但是，让人感到意外的是，植物系的专业课场场爆满，甚至还有一些学生在站着听课。

原来，讲植物系专业课的老师非常幽默，让这样一个冷门的课焕发出了别样的光彩。

有一天，任课老师带着学生们去一处原始森林考察实习，考察的路上，看到了很多不知名的植物，男学生们不断提问，老师都能幽默风趣地一一解答。

这时，女同学们也放下了戒心，她们对老师说："老师，您真厉害，竟然这些植物的名字都能说出来，您真是学富五车啊!"

老师狡黠地一笑："你知道现在我为什么走在你们前面吗，因为我怕看到有一些有毒的植物，你们不认识，就先走过去，把它们踩死，免得它们散发毒气!"

同学们听完之后，都哈哈大笑了起来，当初的冷漠介怀心理全都烟消云散了，这一趟校外实习，让所有学生都爱上了植物系这门专业课。

生动幽默的人是比较好相处的人，这样的人，不用太多的话语，只要简单的几句，就可以让我们茅塞顿开，就能让我们从人生的阴霾中走出来。与人交流时，多数时候，我们需要把严肃放在一边，把幽默摆在中间，只有这样，我们才能成为一个受欢迎的人。

如果我们说的话语，处处没有亮色，就会让我们的吸引力消失，而最后，等待我们的将会是朋友的缺失，将会是一个人的孤军奋斗。冷漠的人，一般是外表冷漠，内心火热。我们只有不时展现出自己的幽默细胞，才能让对方和你产生共鸣，才能体会到你火热的内心。

冷漠只是身边人的表面现象，我们只有透过现象看到本质，才能让温暖环绕在我们左右，才能让身边人感受到我们的与众不同之处。

一句幽默的话可以改变一个人，一句点睛的幽默话语可以让一个人发生翻天覆地的变化。点睛之语就像是思想在一瞬间碰撞出的火花，可以在一瞬间让我们找到解决问题的方法，而这也正是我们梦寐以求的最佳口才。

第七章 / 怎样练就幽默感

幽默不是与生俱来的，却可以经过后天的训练而运用自如。幽默是我们调节气氛、结交朋友的重要法宝，所以只有先把这个法宝修炼好，等到关键时刻，法宝才能发挥出作用，散发出别样的光彩。

幽默是一种智慧的表现，需要不断学习

人生就是一个不断学习的过程，不管我们处在哪个年龄段，活到老，学到老，绝对不是虚言。

说话之道也在于此，如果我们不去学习，每天只是闭门造车，就必然会出门不合辙。口才能力，需要经验的积累，更需要我们不断跟别人学习。任何事情，我们都是先模仿，然后再去创新的。

学习别人的幽默，不是照本宣科，生搬硬套，而是需要我们结合当时的情境，结合当时倾听者的身份……然后，再去分析，只有这样，我们才能发现幽默的力量。人生没有捷径，而学习则是我们快速进步的一条快速通道。

养成学习的习惯是一个人不断成长的动力，只有不断学习的人，才能经过自己的努力，攀登上一座又一座高峰。

找到适当的模仿对象，然后从他们身上发现幽默思维，只有这样，我们的幽默能力才能在不断模仿中取得进步。任何一个人都是优点和缺点的结合体，如果我们认为对方身上有优点，就要不断向他们学习，取其精华，去其糟粕，只有这样，我们才能让自己的口才变得越来越好。

不懂的事情，就要去学习，只有这样，我们才能不出丑，才能在实践中不断锻炼自己。不懂装懂是口才中的大忌，既然不懂，就要认清自己的短处，努力去学习，只有这样，我们才能让自己的幽默能力不断提升。

学习幽默口才的时候，不要堆砌辞藻，这样只会让对方感觉到你华而不实。训练幽默能力，不要怕犯错，但是如果总认为自己是语言上的巨人，不愿意去学习，只会让自己走下坡路，最后，只能贻笑大方。

训练幽默能力，是一个循序渐进的过程，我们不要急于求成，这样只会让我们失去学习的信心。任何人，不管他是什么身份，只要他有乐观的心态，有幽默的口才，就值得我们认真努力去学习，只有这样，我们才能在口才之路上走得更加长远。

训练幽默口才能力，要先从基础做起，不要总是眼高手低，认为自己现在学习之后，明天就能成为名嘴，就能成为相声表演大师，这是不切实际的。我们只有认真做好自己，不断学习，才能让自己的口才不断成长壮大。

幽默需要培养，更需去感悟

现代社会中，竞争日趋激烈，这就要求我们不断强大自己，只有这样，我们才不会被社会大潮所吞没。幽默是我们口才能力的一种展现，是我们自信、乐观、豁达、宽容等心理素质的外在表现。

幽默需要培养，更需要我们自己去感悟。我们要学会看到人生中美好的一面，然后让这些美好潜移默化地影响我们，这样，我们才会变得快乐，而幽默也会在这一刻出现在我们面前。

经历的事情多了，我们就会正视现实，笑看一切，面对任何困难，也能付之一笑，而这些将会为我们的幽默增加重要的砝码。想要学会幽默的人，总是用心去寻找幽默，但是却忘了去改变自己。如果我们被人生中苦难束缚，就无法抽身而出，这时，幽默就会离我们越来越远了。

乔治·桑塔亚那是美国的哲学家，四月的一天，他决定结束他在哈佛大学的任教生涯。

那一天，礼堂中的学生非常安静，乔治却讲得非常有激情，等到最后的时候，他看到窗外有一只知更鸟停在了树梢上，开心地欢叫着。

乔治呆呆地看着窗外，过了好一会儿，才转过脸来，对学生们说：“对不起，同学们，我要离开了，因为我与春天有个约会。”说完之后，乔治就转身离开了。

乔治的结束语虽然简单，但却富有诗意，而且充满了幽默和对美好人生的向往。忘记苦难，学会笑看人生，我们才能发现人生中的美好，才能说出让人感同身受的幽默话语。

想要让幽默萦绕在我们嘴角，就要充分利用我们的观察力和想象力，只有这样，幽默感才能逐渐从我们身上开发出来。只有细心观察，我们才能发现快乐的根源，才能抓住转瞬即逝的幽默素材。

观察之后，我们就能把这些东西储藏到我们心里，然后用自己的想象力进行构思，只有这样，我们才能把幽默素材运用得圆润自如。如果我们能够把观察力和想象力融合到一起，那么，我们的幽默能力就能淋漓尽致地展现出来了。

生活中也不乏观察力和想象力相结合的例子：

有一次，主人请客人吃饭，客人喝好吃好之后，还没有丝毫要走的意思，主人看客人不走，心里就有些气愤了，就指着窗外树上的一只乌鸦对客人说：“朋友，你看咱们也没什么菜了，不如咱们把这棵树砍倒，然后抓住这只鸟，把它炖了，然后我们再喝点酒，你觉得怎么样？”

客人仔细看了看这棵树说：“我怕，你还没把这棵树砍倒，鸟就飞走了。”

主人马上说：“不，不是这样的！你想错了，我是在想，那只鸟，什么时候才会离开呢？”

主人的幽默能力让人叹为观止，这样的观察力和想象力足够征服身边的这位客人，生活中，这样的例子还是有很多的，比如：

一堂课上，到了老师和学生互动的时间，学生就问老师："老师，'炒股票'这个词应该怎么理解呢?"

老师说："'炒'，顾名思义，就是'热'的意思，你看'炒菜'，不就是让菜变熟变热吗？你看现在，只要这件东西热起来了，形成潮流了，我们就可以说炒。"

学生的脸上写满了纯真，他继续问老师："那老师，现在的老师都疯狂地布置作业，我们是不是也可以叫'炒作业'?"

学生的想象力就是丰富，他们可以把毫不相连的两个事物串联到一起，带着纯真质朴的思想，给人一种耳目一新的感觉。

多去观察身边的人和事，我们才能找到幽默的突破口，才能开阔了自己的眼界，而使所有事情变得顺理成章起来。如果我们内心空无一物，虽然可以像孩子一样，说出天真无邪幽默的话语，但是却很难与身边人进行交流。

以积极的心态面对人生，我们才会主动去了解整个世界。"认识这个世界，然后爱她"，这是多么经典的一句话啊！如果我们没有动力，没有激情，还谈什么去观察、去想象？没有这些，我们只会躲在自己的空壳子中，想出都出不去。

我们只有自己不断激励自己，才能促进自己进步，才能让自己吸引到幽默口才，而这样的幽默口才也会影响到我们。幽默就像发面时的酵母，只要它存在，我们的口才就会提高。

在实践中不断检验我们的幽默能力，我们才能让幽默不断成长提高，也只有这样，我们才能经过自身的不断努力而成为幽默大师。

笑看人生

开心的时候，就笑；不开心的时候，就等一会儿再笑，只有这样，我们才能让乐观充盈内心，才能让幽默溢满嘴角。

人生路上，如果我们只是单兵作战，想要成长起来，是非常困难的，我们只有找到“熟手”，让他们带领我们，指引我们，我们才能进步飞快。幽默的人会自然形成一种气场，而正是这样的气场能够影响到我们，让我们在这样的氛围中不断成长进步。

我们常说，在家靠父母，出门靠朋友，而如果想要让自己的幽默口才迅速成长，就要把自己放进幽默的人群中，只有这样，我们才能在他们的熏陶下，不断取得进步。

我们儿时经常会唱，学习雷锋好榜样。其实不仅生活中需要榜样，口才中也需要榜样，因为，只有这样的榜样，才能带领我们不断取得进步。找对人，我们才能从他们身上学到珍贵的经验，让自己少走弯路，只有这样，成功才会离我们更近一步。

上班时间，在一辆拥挤的公交车上，人们相互拥挤着，没有丝毫缝隙，当所有人都在闪转腾挪，保住自己一席之地的时候，一个人站了出来，对所有人说："大家都深吸一口气，这样，大家的体积就可以缩小了，这样一来，公交车上就不会那么拥挤了，你看看我都被挤成纸片了！"

不管是初次见面的陌生人还是交往多年的朋友，幽默都起着其他语言无法比拟的作用，正因为这样，我们才需要多展现自己的幽默语言，让他们感受到你的良苦用心。

朋友是和我们并肩作战的人，我们遇到烦心的事，他们会安慰我们；遇到开心的事，他们会和我们一起开心。多用幽默的语言拉近彼此关系，我们才能交到更多的朋友，朋友多了，我们的口才也就自然会好了。

有热情就有苦情，朋友也会遇到困难，这时，就需要我们懂得对方内心，只有这样，友情才能地老天荒，永不改变。

王峰今年32岁，是一家独资企业的老板。然而一次失误，他苦心经营了3年多的公司破产了，一夜之间，他不仅成了一个一文不名的穷光蛋，而且还欠了一屁股债，被人追得到处跑。

沮丧的王峰每天都是浑浑噩噩，根本不知道做什么才好。突然有一天，他想起了一个老朋友——周俊伟。王峰和周俊伟是发小，关系自然是没得说。小时候有一次去海边玩，周俊伟不小心掉进水里，是王峰喊人把他救上来的。可以说在童年时光，王峰和周俊伟就像黏在了一起一样，形影不离。

想到这里，王峰给周俊伟打了个电话，说明了自己的情况。周俊伟在电话里说："哥们儿，你赶紧来我这里，我现在就给你收拾屋子，我的家就是你的家，你随便住！"

周俊伟的话，差点儿让王峰的眼泪落下来。于是，他买了火车票，简单收拾了一下行李，立即奔赴周俊伟居住的那个城市。

不过下了火车后，王峰又有些犹豫了。因为，他和周俊伟多年未见，彼此之间的关系真的没变吗？记得周俊伟结婚的时候，他去参加婚礼，周俊伟娶了一个娇滴滴的女人，她会不会嫌弃自己呢？

想到这里，王峰决定不再打扰朋友。他翻出口袋，把仅有的钱翻出来数了一数，在火车站旁找了一间最便宜的小旅馆住下。王峰心想：哎，这日子该怎么过啊！

几天后，王峰的钱彻底没了，他被老板赶出旅馆，茫然无措地走在火车站广场上。为了生存，他成了一个乞丐，终日在火车站以乞讨为生。

这一天，王峰正在要饭，突然看到周俊伟站在眼前！他紧张地说不出话，而周俊伟同样也是一脸怒火，带着一身的尘土和倦怠，生气地数落他："你为什么要这么做，下了火车不找我，而是在这里流浪！我整天在街上找你，连工作都不要了，今天才把你抓住！你以为你会麻烦我？告诉你，朋友就是用来麻烦的！你不麻烦我，我才生气呢！"

听着周俊伟的话，王峰笑中含泪，忽然间，他找到了自己最真的依靠——友情。就这样，王峰找到了立脚之地。周俊伟的妻子也很帮助他，让他一点点振作了起来。

终于，没过两年，王峰抓住机遇东山再起，不但还清了欠款，还有了安定的生活。几年后，周俊伟的儿子身患顽疾，王峰二话不说，立刻拿出30万为他找最好的医院。因为，周俊伟的那句话至今都让自己感到动容："朋友就是用来麻烦的!”

“朋友就是用来麻烦的!”这句话可以让朋友在微笑中感动，这才是真正的友情。朋友之间，是能够苦中作乐，笑中带泪的，正因为这样乐观豁达的人生态度，才会让两个人勇敢面对生活的考验，更能让我们体会到友情的珍贵。

培养幽默感的要素

只要善于发现，肯勇敢、大胆地幽自己一默，你就能发现，幽默其实就是这么练出来的。

幽默的语言可以缓解人们内心的紧张情绪，释放压力，能有效降低人们之间的“摩擦系数”，消灭对方的怒火，减轻对方的怒气，化解冲突和矛盾，并能使我们从容地摆脱沟通中遇到的困境。

所以，在语言使用过程中，善用幽默有助于达到自己的目的。可以说，对于幽默的训练，其实就是口才的提升。

有一位年近50岁的高中女老师接了一个新班。不到两天，老师就发现，这个班的学生还是很刻苦的，只是不太注重卫生，每次一走进班里，就能闻到一股怪怪的臭味。于是，老师开始捉摸该怎么劝说学生改善卫生，才能不打击他们的自尊心和积极性。

这天晚自习，老师来教室之前先洗了洗脸，还擦了点面霜，喷了些香水，浑身香喷喷的。结果，一进教室就引起了学生们的注意。

坐在前排的几名女生一闻到香味，就叽叽喳喳得小声议论开了："赵老师多大年纪啦？还擦得香喷喷的？"

说话的声音虽然很小，但还是被赵老师和周围同学听见了，于是大家都偷偷窃喜。赵老师心里想，年纪大了就不能爱干净啦！于是急忙接过话茬儿说："老师我芳龄50啦！你们别看我一脸皱纹，我还挺爱美的！这不，刚刚洗过脸，还擦点面霜，洒了点香水呢！"

全班同学终于忍不住了，哄堂大笑。

正在这时，赵老师突然灵机一动，想：这不正好是教育他们的时机吗？于是赵老师就把话题从爱美之心对心理健康的作用顺势转到环境之美对学习、生活及精神面貌的作用上来，语言平实，贴近生活，没有说教的味道，说得同学们纷纷点头称是。

第二天，赵老师再次走进班门的时候，一股清香气传来。从那以后，班级的卫生情况大为改观，同学们再也不乱扔废纸、果壳了，值日生比以前更负责任了，班里再也没有那股怪怪的臭味了。

赵老师不失时机的幽默，表面是拿自己调侃，其实意在教育学生。再加上这种轻松幽默的氛围，一下子就缩短了师生间的距离，让学生感到老师的可敬、可亲、可爱，所以愿意接受老师的教育，老师自然就达到了教育的效果。

幽默可以使人们之间的关系变得融洽，化解人们之间的矛盾，人们都喜欢和有幽默感的人交往，在西方，没有幽默感的人，往往被人们认为是没魅力的人。资料表明，在公司里，幽默的主管比古板严肃的主管更容易和下属打成一片。

那么，生活中，我们要怎样刻意培养自己的幽默感呢？

多读书，拓宽自己的知识面

幽默是一种智力活动，知识积累得多了，见识广了，和各种人在各种场合打交道时就会胸有成竹，从容自如，幽默也就自然而然产生了。

培养高尚的情趣和乐观的信念

一个心胸狭窄、思想消极的人是不会有幽默感的，幽默属于那些心宽气明、对生活充满热情的人。因此，要想培养自己的幽默感，应该先让自己变得乐观、积极起来，阳光明媚的人才能有开玩笑和幽默的心情。

提高观察力和想象力，要善于运用修辞手段

有时候，我们不难发现，那些幽默的人都是对语言或言语应用有一定感悟的人，如语文老师，大学教授等。因此，平时要有意识地训练自己对事物的反应和应变能力，多多运用联想和比喻等修辞手法。

多参加社会交往

接触各种各样的人，增强社会交往能力，也能增强自己的幽默感。与你进行交际的人在从事什么工作，他的文化水平如何，他的家庭环境等这些内容都是你在酝酿幽默时应该参考的。因此，多多与人交往，在增强社会交往能力的同时，你的幽默感也会有所提升。

勇敢是一种创造性本领，很多时候是跟随场合的变化，以及对象的不同来决定的。因此，你要能随机应变，不失时机地勇敢幽自己一默，但也不能滥用，比如当大家正在专心致志地开会，或别人正在发言时，你突然冒出一两句幽默的话，就会被领导和发言同事误会为你不尊重他。

幽默要高雅，因为它不是一种单纯的逗笑，不能流于低俗。幽默不是刻意表现出来的，如果条件并不具备，你却要尽力表现出幽默，结果可能会把气氛弄得尴尬至极，使自己陷入尴尬境地。

下篇

如何用沟通来获取胜利

沟通之于我们每个人都是如此的重要，事实上，只要我们每天付出一点点的关爱给身边的人，我们便能收获更多的关爱。不要认为与他人沟通是浪费时间的行为，好好打理你的人际关系，你会发现若干年后，这些是你最大的财富。

第八章 ╱ 沟通是化解冲突的最好良药

中国文化源远流长，最初时，先民是用语言进行沟通的，之后才有文字传承下来。这就说明沟通和语言，也是自古相传下来的，而语言的重要性也因此传承了5000年。语言在我们与人沟通交流中，起着至关重要的作用，我们要做的，就是认清语言的重要性，不断提高自己，也只有这样，我们才能让语言魅力淋漓尽致地展现出来。

沟通的潜在力量

我们每个人都有舌头，每天用它喝水、吃饭、与人沟通，充分发挥着它的用途，但是我们很少有人知道，舌头是我们身体上最有力量的肌肉，它强于我们的腰腹，胜过我们的四肢，它才是我们身体上最有力量的关键部位。

舌头的力量不言而喻，但是我们如何才能让舌头发挥出它的巨大力量呢？这就要求我们在能用舌头解决的问题上，千万不能用拳头。因为拳头虽然能解决问题，但是却会破坏彼此之间的关系，长此以往，只会让我们失去越来越多的朋友，等到最后，我们就会成为孤家寡人，再也难以逾越拳头的“鸿沟”了。

三国时期的曹操可谓是善用借术的佼佼者。其中，借刘表之手杀死祢衡，就是其运用舌头代替拳头最生动的体现。

当时，曹操、刘备和孙权三人正在全力争夺天下，大肆地笼络有才之人。特别是曹操，更希望让天下的有才之士全都为己所用。不管对方的出身、品德如何，只要有才，就会得到曹操的重用。但是有一个人却对曹操不屑一顾，对曹操投来的橄榄枝看都不看一眼，这个人就是祢衡。

祢衡从小就才思敏捷，孔融非常赏识他，就把他举荐到了曹操那里。曹操听了孔融的推荐，就想召见祢衡，打算对他委以重任。但是奈何曹操有意，祢衡无情，祢衡对曹操的邀请不加理睬，甚至还说了一些无礼的话。

曹操得知情况后非常气愤，恨不得马上拿起刀剑把祢衡碎尸万段。但是一想到祢衡是远近有名的才子，杀了他天下贤者就不愿来投奔了。权衡利弊之后，曹操只好强压住自己的愤怒。

曹操压制下去了，但是祢衡却不买账，正因为这样，才有了“祢衡击鼓骂曹”的典故。一天，祢衡裸着上身，一边击鼓，一边大骂曹操。

曹操得知此事，非常生气：“祢衡这个小子竟然如此狂妄，我杀他就像碾死一只蚂蚁那么容易。只是此人素有虚名，今天如果杀了他，很多人不知情，都会说我没有容人之量。”

曹操想通此节，把祢衡送给荆州的刘表，一推了之。

祢衡看不起曹操，更加看不起刘表。而刘表自然就更容忍不了祢衡这个怪人，把他送到驻守在夏口的将军黄祖那里。黄祖是行伍出身，平素粗犷。

在一次宴会上，祢衡出言不逊惹怒了黄祖。一怒之下，黄祖竟然把祢衡当众斩首，以泄私愤。

曹操如果没有隐忍，而是采用武力去解决问题，虽然能把祢衡这个人轻而易举杀掉，却会失去天下有德之士的投奔之心。一代枭雄曹操选择了用舌头替代拳头，把祢衡推给了刘表，这样，不仅问题解决了，还为自己赢得了一个好名声。

尺有所短，寸有所长，舌头虽小，力量却大得惊人。能用舌头解决的问题，就千万不要用拳头。拳头只能解一时的问题，而舌头却能解决一世的问题。我们可以历数从古到今的人物，哪一位成功者的雄辩能力不是出类拔萃，震古烁今的，从墨子到孟子，从苏秦到张仪，从诸葛亮到魏征……由此可见，舌头在我们身上起着其他任何部位无法比拟的作用。

用舌头解决问题，是理性思维的一种呈现；而用拳头解决问题，则明显是一种情绪化行为。人生长路上，虽然我们做不到让所有人都满意，但是却可以尽可能地少得罪人，只有这样，我们才会免于被人记恨，才会远离是非之地，做最好的自己。

陈晨是北京一家电脑公司的推销员，他的业绩一直名列前茅，多次成为公司销售冠军。他在谈及自己的推销心得时说："我最大的诀窍就是善于对顾客说'谢谢你'这三个字。很多人不明白一句最简单的'谢谢你'为什么能有如此大的魔力。这句话虽然看似普通，可是如能在各种不同场合做适当的使用，就可以在不知不觉中消除对方的抗拒心，从而取得最好的推销效果。"

有一年，陈晨接待了一名顾客。他对顾客说："先生，相信您也听说了，最近的微电脑和这种文字处理终端的进步速度相当快，现在无论是在运算速度还是稳定性上都已经非常成熟了。”

其实，这位顾客并不是那么了解，但还是点头说道：“嗯，我大概知道一些。”

陈晨微微一笑，说道：“谢谢你。那么您是否要试一下呢？这确实是很有价值的。”

顾客摆了摆手，说：“不用了。我并没有说你带来的东西没有价值，所以我不准备购买。”

陈晨点头说道：“好的，谢谢你。”只要客户稍有肯定性意思的话讲出来，他就会用“谢谢你”这句话来回答。而如果客户说出：“像我这种人，也许不需要这东西……”这种带有否定性意思的回答，他也会对客户说：“真的谢谢你。”

到了最后，那位顾客也有些不好意思了，不由得露出笑容说：“尽管你这样向我道谢，可是……”

“没关系，我还是要谢谢你，能听我讲这么长时间。”陈晨依旧是那副笑容可掬的样子。这时候，顾客确实已经没有抗拒心了，而对这部机器也产生了一种想要试试看的感觉。

对于陈晨来说，“谢谢你”就像是口头禅一样，就算顾客再不满意，就算顾客情绪上来，顾客也会收紧自己的拳头，并且会变得有些不好意思。没有任何一个人会拒绝舌头上有能力的人，因为这样的人，就算我们再想用拳头，对方也会用舌头压下你的情绪，让你放下武力。

人与人之间交往，不管做什么，都要避免冲突，免得让事情朝着与我们初衷相背离的方向发展。用舌头代替拳头，是化解矛盾的最佳方式，舌头是一切情绪的缓和剂，只有我们认清舌头的潜在力量，才能把舌头的力量发挥到极致。

智者的选择

中国有句古话：“君子动口不动手。”这就说明，一般明智的人不会选择用拳头去解决问题，而是选择舌头。用舌头去解决问题是智者的表现，而拳头则是愚蠢者最喜欢用的不靠谱“武器”。

一个聪明有想法的人，是不会用拳头的，因为拳头不仅不能解决问题，还会把本来简单的问题复杂化，一人用拳头，另外一人就会用拳头来反击，这样一来，矛盾就会产生，而处于矛盾两端的我们就会变得水火不容，不仅没有把问题解决掉，反而会失去一个很好的朋友。

年轻的时候，我们每个人都有一种初生牛犊不怕虎的精神，认为一切事情，都不需要那么烦琐，话语稍一不投机，就会被情绪煽动，抡起拳头。但是这样一来，两个人的关系就会僵化，而问题也会变得烦琐，自此之后，两个人很有可能会大路朝天，各走一边，老死不相往来。

其实，我们生活中没有这样多针锋相对的事，当问题出现时，我们完全有时间可以停下来思考一下，只有学会思考，我们才能忘掉拳头，记起舌头。

李强是一家公司的部门副经理，在这家公司工作了5年，才混到这个职位。李强平时中规中矩，鲜有过失，和上下级的关系也比较融洽，但是最近的一件事情让他非常恼火。

大年三十上午，本来是公司宣布放假，大家欢欢喜喜准备过年的时候，李强却被总经理叫到了办公室，主要就是为了调节他和上司的关系。

李强和上司因为一些思想意识上的不统一，闹过一些不愉快，平时碰面也是冷冷淡淡的，不过也没有达到水火不能相容的地步。但是总经理把他叫到办公室之后，劈头盖脸地就是一通指责，丝毫没有考虑李强的感受，更没有顾及他的情面，而且把所有的问题都推到李强的身上。

李强非常不痛快，因为这些事情根本不是自己的错误，只是在工作上有些意见不合，总经理就把问题推到自己身上了事，换做任何一个人都不可能忍受。

接下来，李强身上会发生两种情况。

第一种，用拳头：

李强不顾一切，握紧了拳头，表情开始狰狞，和总经理大吵大闹了起来，两个人闹得不可开交，总经理对李强的这种表现无法容忍，刚开始的时候，也只是拍桌子，但是，随着两人情绪的高涨，话语已经逐渐失去了作用。

接下来，闹僵的两人开始互相推搡，最后，忍无可忍的总经理叫来了人事部的相关人员，当即解雇了李强。

第二种，用舌头：

李强认为自己和公司之间，根本没有什么不可调和的矛盾，只是总经理误解了自己而已，再者，如果自己辞职，再换一家公司，还需要很长一段时间的奋斗才能谋到现在的高位。接着，李强就出去了，他认为现在总经理在气头上，多说话，只会加深他对自己的坏印象。

接下来，李强开始注重一些细节，比如，早来一些，帮总经理把桌子擦干净，把烟灰缸中的烟灰倒掉，为总经理泡上一壶茶……注重和总经理的交流沟通，这样一来，总经理就自然改变了对李强的印象，而李强对于工作的热情也逐渐被激发了出来。

我们都希望李强是选择后者，选择用舌头，因为这样，问题就会简单化了，而一切也会因为我们情绪的转变而变得不再那么重要了。选择舌头，而不选择拳头，是为自己的未来着想，我们不要因为一时意气，而置未来于不顾。我们更应该把目光放得长远一些，能用舌头解决的问题，千万不要用拳头。

狭路相逢，勇者胜，舌头拳头相逢，智者胜。用拳头是一种鼠目寸光的行为，这样的做法，会毁掉我们未来的发展道路。人生无常，充满了各种各样的喜乐悲伤，这就需要我们控制住自己的情绪，不要失去理智，不要选择用拳头来解决问题。

舌头是我们理性思维的一种呈现，当我们懂得运用舌头的时候，它会呈现出与拳头截然相反的魅力。真正有智慧的人是不会选择拳头的，因为拳头生硬冰冷，并不能为我们带来想要的结果，反而会让我们走向一条不归路。这时，就需要我们多去思考，学会用语言去表达，只有这样，我们才能完成真正意义上的用舌头代替拳头。

化干戈为玉帛的利器

在现实生活中，如果能用幽默或调侃的方式来说明事理，不但能令人愉快地接受你的批评或建议，并且还能防止冲突进一步演化，同时你还能让对方体会到言语的幽默和风趣。

一位法官新搬了家，对周围的情况还不是很熟悉，有天晚上，当他收拾东西到深夜，刚想躺下入眠的时候，只听天花板传来噼里啪啦的脚步声，还有叮叮咣咣的音响声。法官翻来覆去，实在忍无可忍，最后抄起一只改锥就去敲楼上邻居家的门。

对方一开门，他就亮出那只大改锥说："我来修修你的音响。"邻居本来吓了一跳，一听对方这么说回过味来，急忙表示抱歉。法官说："其实该抱歉的是我，你可别到法庭去告我，说我把凶器都带来了。"说完两人像朋友一样笑起来。

这位法官并不是想把邻居的音响搞坏。他只是恰当地表达了对邻居的不满，但他巧妙地用幽默感清楚地显示出：他是对音响的质量不满，而不是对你本人。这样一来，本来一场严肃的交谈，就变成了轻松的对话，既解决了问题，还交到了朋友。如果法官是带着愤怒的心情去找邻居理论，那么改锥可能就真的变成伤人的凶器了。

著名足球教练罗克尼，也是个善于利用幽默的人。有一次球赛，罗克尼的诺特丹足球队在上半场输给威斯康星队7分。队员们其实都忐忑不安，以为他会严加批评，可是他在休息室中一直与队员们开玩笑，直到要上场进行下半场比赛时，才大喊："听着！"队员们惊惶失措地望着他，罗克尼接下去说："好了。小伙子们，上场吧！"罗克尼并没有责备队员，也没有放马后炮，更没有指手画脚强调下半场如何踢球。

罗克尼正是用这种乐观、豁达，克服了队员们在心理上的障碍，让他们能够轻松踢完下半场球赛。结果他的队在下半场创造了奇迹，踢出了一连串漂亮的、近乎幽默的球。后来罗克尼对采访他的人说："不是我赢了。而是我的幽默赢了。因为我知道我们精神上赢了，那么球也赢了。"

鲁迅先生也是个懂得用幽默化解冷漠的人。当时，有些青年不懂得当时政治的腐败，光在文章里夸耀中国地大物博，于是鲁迅先生叹息说："倘是狮子，夸说怎样肥大是不妨事的，如果是一口猪或一头牛，肥大倒不是好兆头。"

还有些青年一遇上夸夸其谈的学者，立刻被吓倒，自惭浅薄起来。这时候，鲁迅先生便又鼓励他们说："一条小溪，明澈见底，即使浅吧，但是却浅得澄清。倘是烂泥塘，谁知道它到底是深是浅呢？也许还是浅点好。"

鲁迅先生的话，既说明了事理，又风趣幽默。法国演讲家雷曼麦说："用风趣的方式处理严肃的问题，比直截了当地处理更易让人接受。"

像鲁迅批评教育青年一样，老师批评学生同样是一件严肃的事情，不但容易引起学生的反感情绪，还达不到教育的效果。这时老师不妨学习鲁迅先生把严肃的批评气氛变得轻松一些。

一位调皮的男同学在课间休息时，在教室里追逐奔跑，结果好多女同学被他撞倒，同学们纷纷埋怨他。

正在这时，班主任老师走了进来，这位同学见了，急忙回到自己的位置，双手在桌上撑着，脚一跨就坐到了座位上。同学们见老师来了，纷纷向老师告状，希望老师批评一下这位调皮的同学。

老师看了一眼那位同学，并没有批评，只是笑着说："同学们，刘翔这位跨栏冠军诞生在奥运，刘星这位跨栏冠军则诞生在咱们班啊!"老师的一番话说得同学们都笑了，刚才跑闹的刘星同学则羞红了脸。从那以后，他再也不在教室里乱跑乱跳了。

很多时候，我们不难发现幽默的方法能把严肃的问题轻松化，这是柔化人际关系的重要方法。当对方料定你会严肃地给予警告或批评时，你的幽默会让对方在精神上立刻得到一个放松，这样他们就会打开原本设防的心理，不但接受你的批评和建议，反而会感激你的宽容和谅解。

无论何时，都要学会收起你的拳头，这样才能充分发挥出舌头的最大作用。也只有这样，我们才能彻底放弃拳头，才能让语言魅力淋漓尽致地展现出来。要记得，能用舌头解决的问题，就别用拳头解决。

第九章 ／ 沟通让爱绽放出光芒

我们都听过，大爱无疆。但是在语言中这样的爱要如何展现出来呢？这就需要我们多去表达爱，而不是把爱留在心中。爱一个人，就要在最恰当的时候，把爱说出来，让爱的魅力展露无遗。

爱要大胆地说出来

我们每个人都是有爱心的，而这种爱已经延伸到世界的各个角落了，但是很多时候，我们会吝啬自己的爱，羞于出口，尤其是当我们对爱人表达喜爱之情时，就更是如此了。不管是感性对待爱，还是理性对待爱，最主要的是把爱说出来。

当然，男女之间，谈及爱情，多数时候需要理性大于感性，只有这样，我们才能让爱情更加长久。爱情需要理性对待，不管这份爱是说出来还是不说，我们都要权衡清楚，只有这样，我们才不会做出让自己后悔的事情。

理性地去看待问题，远比一意孤行要好得多。如果我们看问题只是看到表面东西的话，那么，我们就大错特错了。很多事情，表面只是一层假象，而深层的东西是需要我们用理性的思维去分析，去判断之后才能发现的。

爱情中的男女更不应该太过于感性，感性只会让你的敏感神经左右你的判断，不去理性思考，只是歇斯底里地去爱，这样的爱情仿佛没有功利性，显得非常美好。但是现实中看似太美好的事情可能会是镜花水月，很难长久。在这时，就需要男女双方理性地去分析爱情中的矛盾，然后做出最正确的判断。

有一对情侣，闲来无事就去出海游玩，男女之间本来关系非常好，但是男孩处理事情的时候却非常怯懦，女孩希望通过这次出海，让男孩逐渐改掉这个坏毛病。

没想到，出海游玩的途中遇到了大风，两个人乘坐的小艇被巨浪掀翻了，而这对情侣也不幸落入了海中，幸亏女孩紧紧抓住了一块木板才得以保住两个人的性命。女孩就问男孩："你现在害怕吗?"

男孩从怀中掏出一把水果刀："我害怕，但是如果有鲨鱼来的话，我就拿这个对付它。"女孩再次感受到了男孩的怯懦，只是摇头苦笑了一下。

没过多久，一艘货轮就发现了这对情侣，正在此时，一群鲨鱼也随之出现了。

女孩大叫："会没事的！我们用力游，一定能获救的!"

男孩却不管这些，而是把女孩推入了海里，自己趴在木板上，向着货轮的方向游了过去："我先去尝试一下，如果可以的话，你再来!"女孩看着男孩逐渐消失的背影，不由得泪流满面，感到无比失望。

这时候，鲨鱼向着女孩逼近，但是它们只是闻了闻就离开了，然后疯了似的向男孩的方向游了过去。男孩被鲨鱼撕咬着，但是男孩还是奋力地大喊：“我爱你！我永远爱你！”

最后，女孩获救了，而男孩则被鲨鱼吞进了肚子里。甲板上的人们纷纷为男孩默哀。船长走到女孩身旁说：“小姐，请你节哀！你的男友是我们见到过最勇敢的人。让我们为他祈祷吧！”

女孩却不以为然，而是非常冷漠地说：“不，他不像你说得这么好，他是一个胆小鬼！”

船长说：“你怎么可以这么说他呢？我刚才用望远镜观察了男孩的一举一动，他把你推开之后，就游到了远处，然后用刀子割破了自己的手腕。鲨鱼对血腥味非常敏感，而正是男孩用自己的生命为你的安全脱险赢得了时间。如果不是男孩这么勇敢的话，恐怕你也不会安全地站在这艘船上。”

女孩总是感性判断男孩，认为他是最怯懦的人，就算遇到大灾难，男孩也会害怕地率先离开，弃自己于不顾。但事实却是，男孩承担起了自己应该承担的责任，他果断选择了牺牲自己，来保全女孩。最后，女孩得救了，但是因为自己的感性判断，错怪了男孩，倒是船长的一席话，让女孩陷入了深深的沉思。

爱情中，感情用事就像是一种必然，因为彼此相爱，感性用事更像是恋爱中男女的必备功课。但是如果我们总是感情用事的话，只会让自己走向极端，丧失全面判断事情的能力。爱情是美好的，但是现实中，再美好的爱情也会出现瑕疵，面对爱情瑕疵，我们最应该做的就是多一些理性，少一些感性。

曾经听朋友说过：“爱情就像煮开水，要随时保持火候，不然，水就会慢慢冷却。”我们在人生旅途中，每时每刻都能遇到陌生的风景，但是留下深刻印象的风景却少之又少，就像我们身边的人一样，值得我们去爱的人也是少之又少。

在恰当的时候，理性一点，把爱说出来，让对方感受到你的爱，只有这样，两个人的关系才会越来越紧密。爱的话语越多，越能折射出两个人的未来。爱的话语就像寒冬中的一杯热茶，就像深夜中的一盏灯火，爱的话语能在关键时刻激发出我们的潜能，让我们在爱的道路上坚定不移地走下去。

哈基宁是著名的F1赛车手，当他在赛车场上取得一个又一个成绩的时候，是他的妻子恩雅在身后默默地支持他，不管什么时候，恩雅都是他最坚强的后盾。

恩雅是芬兰一家电视台的主持人，因为主持人职业的缘故，恩雅认识了不少的赛车手，在这些赛车手中间，哈基宁并不怎么出众，他不仅沉默寡言，而且有时候甚至显得比较木讷，但是一回生，二回熟，经过不断地了解，恩雅发现哈基宁是一个非常勇敢的男人，从不轻言放弃，如果有人能在他身边不断鼓励他，那么他的潜能就将会被全部激发出来。

1995年，澳大利亚站的排位赛中，哈基宁发生了重大交通事故，头骨被车冲撞破裂，和死亡擦肩而过。在这个时候，恩雅一直衣不解带地照顾着哈基宁，一直说着彼此相爱一生的甜蜜话语，哈基宁听后非常感动，等到哈基宁伤愈之后，两个人就步入了婚姻的殿堂。

2000年之后，哈基宁和恩雅逐渐淡出了人们的视线，过着只羡鸳鸯不羡仙的生活。

爱情就是不离不弃的承诺，不管发生了什么，我们也都会陪在彼此身边。勇敢说出爱，不要让爱情冷却，我们才能让荡漾在舌尖的话语折射出心底的爱。

我们不要因为主观臆断，认为对方已经完全了解自己了，就不去说爱。其实，爱有时是非常隐晦的，更是非常简单的，多表达一些，多做一些，时间一长，两个人之间的爱情就会变得越发坚固了。任何一份爱情都是需要经营的，如果不去经营，爱情只会逐渐走向凋零，我们只有不断呵护，不断用自己爱的话语经营爱情，才能让爱情变得美好而长久。

让友谊常驻心底

古人常说，万两黄金容易得，知心一个也难求。如果我们身边有真正的知己，就要学会珍惜，在这样一个物欲横流的社会，能够找到几个真正交心的朋友是非常不容易的。

和朋友交往，我们要注意表达自己的情感，如果我们对身边人总是挑剌，总是拿着放大镜看人，这样只会让我们身边的朋友不断流失。我们要学会关心朋友，表达出自己的爱，这样，朋友才会认可我们，才会接受我们。

独木难成林，一人难成功。知心朋友是我们成功路上的良好臂助，珍惜朋友，用自己爱的话语不断感染身边的朋友，这样，我们才会萦绕在一个充满爱的氛围中，只有不断被爱感染，我们才能在成功的道路上越走越远。

春秋时期，齐国著名的宰相管仲，辅佐齐桓公，使齐国成为东方的霸主。管仲有一个从小就在一起的好朋友，叫鲍叔牙。由于两人亲密无间，后世将管仲和鲍叔牙合称为管鲍。

在管鲍年轻的时候，他们曾经合伙做生意。鲍叔牙生在一个富裕的家庭，而管仲则出身贫寒。于是在出本钱的时候，鲍叔牙出了一大半；而在分红利的时候，鲍叔牙又总是拿一小半。认识他们的人都觉得鲍叔牙糊涂，吃了大亏："鲍叔牙你可真糊涂啊！你跟管仲两个人合作买卖，表面说是合作，其实本钱多数是你出的，那么，赚了钱，管仲凭什么多分呢？至少也应该一人得一半啊！"而鲍叔牙却回答说："你们不明白，管仲的家境不好，他有老母亲要奉养，多拿一些是应该的。"这番话，让那些在两人背后说三道四的人再也无话可说。

管仲和鲍叔牙也曾经一同上过战场。在打仗的时候，管仲总是躲在最后面，表现得一点都不勇敢，人们都对管仲很不满。鲍叔牙知道这件事之后，就为管仲辩护道："管仲之所以不肯拼命，是因为他的母亲年纪大了，他又是家里的独子。万一他有个三长两短，他的母亲可怎么办啊！"

后来管仲也曾经做过几次官，每次都因为表现不好而被免职，招来大家的耻笑。而鲍叔牙知道后，就对人们说："其实，管仲并不是不能干，只是运气不好，没有碰到能够赏识他的明主。这些小事不适合他来做，他可是一个做大事的人啊！"

再后来，管仲辅佐公子纠又失败了，而鲍叔牙辅佐的公子小白却接掌了齐国的政权，公子小白就是后来成为春秋五霸之一的齐桓公。齐桓公即位后，立刻请来鲍叔牙，想要任命他为丞相，但是鲍叔牙却拒绝了，并且推荐管仲为丞相。

经过鲍叔牙的一番游说，齐桓公接受了他的建议，以最隆重的礼仪请管仲来做宰相。管仲被齐桓公不计前嫌的诚意打动了，爽快地答应了他。果然，在管仲的辅佐下，齐桓公将齐国逐步治理成了富足强大的国家。

后来，管仲曾对人说："生我养我的是父母；可是了解我、帮助我的，却是鲍叔牙啊！"

朋友之间，快乐是用来分享的，苦难是需要彼此一起承担的。既然是朋友，就应该甘苦与共，这样的人才是真正的知己。如果我们倾轧友情，就会失去身边来之不易的朋友。朋友相交，贵在真诚，既然是朋友，我们就不应该以小人之心度君子之腹，我们更应该团结彼此，这样，友谊之花才会开满心田，香飘万里。

学会用真诚去感化朋友，只有这样，我们的友谊才会变得长久，人生道路才会越走越宽。找到真正的知己，用自己的真心来维系这段来之不易的友谊，友谊才能长存不衰。

古时，有一个叫俞伯牙的人非常喜欢音乐，甚至到了痴迷的程度。他的琴弹得很好，但是那些听他弹琴的人却只知道他弹得好，没有人能真正了解他蕴含在琴音中的意思。

有一年，晋王派俞伯牙出使楚国。八月十五那天，俞伯牙在汉阳江口遇到了大风浪，不得已只得在一座山下停船靠岸。等到晚上，天色转晴，俞伯牙心情大好，取出瑶琴，专心致志地弹奏起来。

正在俞伯牙物我两忘的时候，忽然看到一个人在岸边站着，正在专心致志地听自己弹琴。他心中一动，琴弦断了一根。

那人见自己离俞伯牙很远，大声说："先生，我是这里的樵夫。今天路过此地，正好听见您弹琴，感觉弹得非常好，就停下脚步，听了起来，还请您不要介意。"

俞伯牙借着满月的月光看去，看到一个樵夫模样的人，而且还背着一担干柴，就问他："既然你能听出我弹得好，那你说说，我弹的是什么曲子？"

樵夫说："先生，您刚才弹的是孔子称赞弟子颜回的曲子。但是可惜的是，到第四句的时候，琴弦断了。"

俞伯牙听樵夫说得毫无差错，非常高兴，就请他上船来细谈。樵夫看见俞伯牙弹的琴，就说："这是传说中伏羲氏制造的瑶琴。"接着，樵夫又详细说明了一下瑶琴的来历，令俞伯牙大生知音之感。

俞伯牙接下来又弹奏了几曲，当琴声雄壮高亢的时候，樵夫就说："这是高山的声音啊！"当声音渐缓，透露出清新自然之意时，樵夫又说："这是河水在无穷无尽地流淌啊！"

俞伯牙非常开心，他终于在茫茫人海找到了知音。两个人相互通报了姓名，这个樵夫就是钟子期。两个人秉烛夜谈，大有相见恨晚之意。于是撮土为香，义结金兰，约定明年今日再在此处相会。

第二天，两人洒泪而别。

到了第二年中秋，俞伯牙如约赶来。但是过了好久，也不见钟子期的身影。于是俞伯牙就去四处打听，有一位老者告诉他，钟子期已经得病亡故了。临终时，遗言上说，要把墓建在江边，为的就是等到今年的八月十五能够听到自己最好的朋友俞伯牙的琴声。

俞伯牙悲痛万分，走到钟子期的墓前，非常悲伤地弹奏了一曲《高山流水》。弹完之后，俞伯牙就挑断了琴弦，把那张非常名贵的瑶琴摔碎了，发誓从此再也不弹琴了。因为钟子期一死，这个世界上就再也没有能听懂自己琴音的人了，这琴还弹给谁听呢？

伯牙摔琴谢知音，这样的友情让人动容。人生无常，总是充满曲折离奇的故事，而朋友之情却不会随着时间的推移而消散，反而会随着时间的推移而变得长久。

朋友是一个人终生的财富，需要我们用一生去衡量朋友的价值。在人生的漫漫长路上，我们会遇到各种各样的坎坷，这时，我们最需要的就是那些不计得失愿意伸出援手的朋友。用赤诚的话语和朋友交流，这样，一份快乐就会变成两份快乐，而痛苦也会因为有了两个人的承担而减少一半。

心理学上说：“当一个人遇到困难的时候，他的潜意识就会产生一种‘喜欢自己’的心理。”知心朋友就像是镜子中的自己，每一次和他们交流，我们就像是从镜子中再次看到自己一样。我们都希望和与自己相似的人走在一起，因为他们有和我们对等的人生观、价值观……而正因为如此，我们才需要朋友。

儒学大师孟子说：“人之相识，贵在相知；人之相知，贵在知心。”朋友不在乎贵贱，更不在乎长幼，只要知心，任何一个人都有可能成为朋友。元曲大家贯云石曾有曲云：“弃微名去来心快哉，一笑白云外。知音三五人，痛饮何妨碍？醉袍袖舞嫌天地窄。”这样的“知音三五人”才是我们人生中最宝贵的财富，而这也需要我们和朋友一起去努力，让爱的话语洒满彼此心间。

释放心底幸福感

其实幸福很简单，简单到我们坚信有人爱我们，我们就会感到幸福。

著名作家列夫·托尔斯泰说：“幸福的家庭都是相似的，不幸的家庭各有各的不幸。”幸福就是即使两人对坐无语，也不会觉得无聊，幸福就是彼此打电话，不需过多的语言，只为听到对方的声音。幸福很简单，也很复杂，有人认为，锦衣玉食也不幸福，有人则认为粗茶淡饭依然可以快乐每一天。

幸福的家庭是由幸福的人组成的，只有幸福的人才能说出幸福甜蜜的话语。而幸福的话语传递的是一种爱，让我们身边的朋友感受到我们的爱，这样，我们才能让身边的人也融入我们的幸福中，有了这样的支撑，我们才能做好人生中的其他事情。

1918 年，17 岁的梁思成认识了 14 岁的林徽因，他们两人的父亲是朋友，早早就定下了孩子们的亲事，在 1928 年，两人步入了婚姻的殿堂。

林徽因是当时的著名才女，身边不乏大批的追求者，在梁思成赴美留学之前，林徽因和徐志摩的交往就非常亲密，但是梁思成却泰然处之，没有让自己心中的妒火麻痹掉自己的理智。

1931 年，徐志摩发生了坠机事件，梁思成主动赶往现场，替徐志摩料理后事，体现出了一个男人的大度与宽容。

1932年，梁思成和林徽因搬到了北总布胡同，金岳霖是他们家后院的邻居。有一天，林徽因告诉梁思成，她爱梁思成的同时爱上了金岳霖。梁思成想了一晚上，最后，梁思成觉得，自己缺少金岳霖那样的哲学家头脑，自己不如金岳霖。

第二天早上，梁思成对林徽因说：“你是自由的。我既然爱你，就要给你足够的自由，如果你爱我，就算离开了，也会再回来；如果你不爱我，就算我强求，也是没有用的。”

林徽因接下来就找到了金岳霖，把梁思成的话转告给了他，金岳霖说：“梁思成能说出这样的话，证明他是真心爱你的，他不希望你受到任何委屈，所以，他才会给你自由，我不想伤害一个真心爱你的男人，我退出！”

最后，三个人成为了好朋友，梁思成从来没有因为忌妒而失去包容之心，他对林徽因的爱不仅伟大，而且深沉。金岳霖自此之后终生未娶，等到他80多岁去世，为他送终的却是梁思成和林徽因的儿子。

梁思成对林徽因的宽容，其实，就是对爱情的宽容，如果那时他过于强求，只会让握在手中的爱情从指尖溜走。其实，夫妻双方需要的是理解，是相互体谅。恋爱的热情，恋爱的温度是极其短暂的，如果我们太过于追求，只会适得其反。

幸福的话语来源于心底幸福感的释放，如果我们没有察觉到幸福，就很难从口中把幸福的感觉表达出来。人生是一段漫长的旅程，而我们则需要在这段旅程中不断行走，但是行走中的我们不要忘了生活中的情感，不要忘了路边的风景。想要用幸福的话语感染别人，就应该先让幸福住进我们心里，只有如此，我们才能说出触动心灵的幸福话语。

有一对老爷爷和老奶奶，他们本来是风马牛不相及的两个人，但是因为包办婚姻走到了一起，而且一走就是一辈子。

老奶奶和老爷爷是一个村的，由于老爷爷家里条件不好，而且肤色较黑，到了30岁还没结婚。

那时候，老奶奶的父亲生病了，老爷爷就东奔西跑，为她家忙里忙外，老人被老爷爷勤劳质朴的心打动了，觉得如果把女儿嫁给他就一定能得到幸福。

但是老奶奶根本就不同意，老爷爷不仅长得黑，而且年龄又比她大得多，所以她不同意这门亲事，每天自怨自艾，哀哭好久才会去睡觉。但是老奶奶顶不住家里父母的压力，只得同意了这门亲事。

本来两个人的矛盾一直没有缓解，老爷爷生性软弱，老奶奶性子刚强，操持家中的大小事情。

本来不可调和的矛盾也会峰回路转，随着孩子们的出生，两人的感情渐渐好了起来。老奶奶逢人就夸赞老爷爷说：“我家老头子，人聪明，又能干，有了孩子之后，他的父爱全都展现了出来，这让我真的非常高兴！”

老爷爷见老太太每天喜上眉梢，自己也是非常高兴：“这家里，里里外外都是老太太打理的，别提有多好了！”

自此之后，老太太开始不住地夸赞老爷爷聪明勤劳，夸赞的时候，表情中还会流露出崇拜的目光；而老爷爷说起老奶奶，也是非常高兴，说老奶奶是家里的顶梁柱，每件事，自己都要问过她才肯放心，嘴角不时洋溢起幸福的微笑。

老爷爷和老奶奶的婚姻是幸福的，他们爱情观的转变是从互相欣赏开始的，没有欣赏的爱情是不会幸福的。我们不应该吝啬我们的赞美，有时候，一句简单的赞美，就会让对方心里有了幸福的滋味。能够在茫茫人海相遇相知就是一种缘分，能够携手走进婚姻的殿堂更是一种幸福，既然牵了彼此的手，就要一起肩并肩走完这一生。

曾经在网络上流传一个幸福的顺口溜："幸福就是猫吃鱼，狗吃肉，奥特曼专打小怪兽。"其实，幸福没有想象的那么复杂，幸福是一种歇斯底里的情感，是我们由内而外散发出的一种情感，这种幸福的情感可以让我们受用终生。好的口才需要心底的沉淀，而幸福正是我们优秀口才不可或缺的一种积淀。

沟通诠释情感

无数的爱情宝典中，总会说到这样一句话：胆大心细。的确如此，想要得到幸福，那么就必须张开自己的嘴，让他或她听到你的爱。

但是在现实中，不少人面对感情总是瞻前顾后，不敢积极行动，结果让原本属于自己的爱情从身边溜走。机不可失，失不再来。当机会摆在我们面前时，我们要做的就是冲上前去，把它握住，只有这样，我们才能继续采取下一步行动。

无论你是男性还是女性，遇到心仪的对象，要做的第一件事就是敢于说出自己的爱。

2005年，张森正在上大二，他在一次学院举办的足球比赛中，认识了担任啦啦队队长的许婷，这一次，他才知道一见钟情的真正含义，但是因为许婷太过优秀，张森只好把对她的喜欢藏到心底。

经过一番了解，张森发现，许婷不仅是啦啦队队长，还是校学生会文艺部的部长，并且学习成绩优异，经常获得学校的奖学金。

经过一番调查，张森开始记录下一些与许婷有关的事情，比如，她爱穿粉色的衣服，吃饭之前喜欢先喝点水，走路的时候习惯先迈右脚……张森的记事本里写满了许婷的琐事，并且逐渐发现了许婷的一些生活习惯。

了解得越多，张森就越觉得两个人差距越大，就越不敢表白。其实，许婷身边不乏优秀的追求者，但是许婷都选择了拒绝。这让张森本来燃起希望的内心再次降到了冰点，就这样，张森选择了沉默，一直持续到了毕业。

毕业之后，张森在本地找到了工作，而许婷则回到了自己的家乡杭州，自此，两人彻底失去了联系。

多年以后，张森一次去杭州出差，联系学校的一些同学，想要见见面，这时，他才再次看到许婷，这时的许婷已经不复当年的光彩，但是她的眸子依然迸发着青春的火光。

众人多年未见，相谈甚欢，不知道是谁，起了一个头，说起大学校园时，谁暗恋谁的往事，勾起了张森的回忆，聚会散去，众人各回各处。

张森趁着酒醉，拉着许婷表白，但是许婷却说："当初，我也注意到球场中风驰电掣的你，但是当初，你没有对我表示什么，现在，我已经长大了，有了属于自己的老公，也即将拥有我们的孩子。我只能把当时的青春记忆，当成不成熟的幻想，现在，这一切对我来说，已经不重要了，因为这些，都是我选择的，而且，我从未后悔过。谢谢你的爱！但那些爱对于我来说，已经成为了历史，再也无法找回了。”

张森听完之后，觉得一切已成既定事实了，无法改变了，如今，自己只有接受现实，展开新的人生了。

一对原本可以在一起的年轻人，却都因为各种原因，没能像对方表达出自己的爱意，这何尝不是一种遗憾。然而他们能怪的，也只有自己了。

遇到心仪的另一半，就大胆地说出自己的爱吧。当然，光有“胆大”还是不够的，我们别忘了“心细”。向心上人表达爱情，这是一种最甜蜜、最伤神、最微妙的感情活动，既要传达你的爱意，又要在谈话中了解对方的情意，知己知彼方能促进爱情的发展。在表达爱情的过程中，把握好性别角色和情感浓度，发扬大胆主动、锲而不舍的精神，一定能拥有甜蜜长久的爱情。

让对方听到自己的爱，实际上就是向对方表现自己智慧的过程，在这个过程中，往往几句话就能收到特别的效果，这种话语内在的精神力量往往比物质力量更加强大。就像俗话所说的：金钱买不来的东西，语言可以得到。

男：我刚才给你发了短信，见你没回，就知道你答应做我的女友了。所以，我现在直接来找你，My Dear。

女：你反应得还真快，看来你不傻。

男：这太好了，我……恨不得……恨不得承包……

女：承包什么？

男：承包你的全部爱情。

女（叹了口气）：妈妈原来说，让我自己做主，就怕到时候不给我落实政策。

男（激动地）：我们不需要父母的赞助！

女：小声点！你的声音跟立体声似的，又不是在做广告，要搞得人人皆知。

男：不要紧，这是公园最安全地带，是恋爱的特区。

多一些幽默，固然是好，但是有时候，也要我们学会变换思维方式，然后，才能把爱情更好地说出来，比如下面这对情侣：

贾兰通过一次聚会，认识了一个男孩——孙军。孙军是个有点内向的男孩，经常去找贾兰，很想接近她。贾兰明白，孙军爱上自己了，只是没有勇气求爱。贾兰喜欢他的朴实，却又不知道怎么办才好。

一个晚上，贾兰和孙军一起在河边散步。贾兰走累了，于是两个人坐在河边休息。见到孙军还是没有表白，贾兰决定给他一个亲近的机会。

贾兰靠近孙军，认真地说："有人说，男子的手臂的长度等于女子的腰围。你相信不？"

孙军说："那你要不要找根绳子来比比看？"

贾兰见孙军还是这么愚笨，有些生气地说："谁要你找绳子！"

孙军挠着头说："那我，那我用胳膊好吗？"

贾兰的话是一种含蓄的鼓励，而这位孙军，不知道是故意装傻，还是确实太老实巴交了。不过值得庆幸的是，这一对年轻人，最终还是走到了一起。相信这样一段小插曲，一定会在他们未来的生活中留下美好的记忆。

不要羞涩，大胆说出爱，让我们的语言不断散发出爱情的魔力。只有这样，我们才能看到人生路上令人动容的风景。爱情是需要我们彼此之间不断经营的，只有用心表达出自己的真实情感，才能让身边人发现他们在我们心中的地位，而这些甜蜜的话语正是对爱情的一种直观诠释。

第十章 / 因舍弃而精彩

人生是一个从简到繁，再到简的过程，我们精力有限，只有不断舍弃，我们的人生才会变得简单，才会变得美好。舍弃悲伤，收获快乐；舍弃繁杂，收获简单，而只有这样，我们才能抓住语言中的重点，让自己的口才因为舍弃而变得精彩，说话之道就在于此。

多则乱，少则得

世界本来就是一个简单的过程，只是我们思想太复杂，才把这个世界想复杂了。其实，我们说话也是如此，多则乱，少则得，不该说的话就要舍弃，这样，我们才能突出话语中的主旨。

我们说的话越复杂，自己的思路就会越乱，就会暴露出越来越多的弱点。最高明的说话，就是用最简单的话语，表达出最复杂的意思。我们都讲究无为而治，而这指的就是不战而屈人之兵。说话也是如此，滔滔不绝不仅会让人厌烦，而且讨不到好处。

春秋战国时期，儒家学派的创始人孔丘主张以仁义治天下。为了宣传自己的主张，孔子周游列国，但却始终四处碰壁。有时候甚至被别人弄得非常狼狈，遭到周围人的嘲笑。但是孔子不但不以为耻，反而从中学到了很多知识。

有一次，孔子到了郑国，因为人生地不熟，就和弟子们走散了。孔子只得在城郭东门等候自己的弟子们。

子贡打听孔子消息的时候，有个郑国人对他说："城郭东门有一个人，额头又扁又平，还非常大；脖子很长，肩膀又很窄，腰部以下非常短。整个人看起来非常狼狈，就像一条丧家之犬一样。"子贡非常生气，但是通过这个人找到了孔子，就把这些话说给孔子听。孔子不怒反喜："外形之类的都是微不足道的细节，单说我像丧家之犬，他就说得很对啊！"

又有一次，孔子和自己的学生子路走散了。子路在路上遇到了一位老人，就作揖行礼问他："您看见孔夫子了吗？"

老者满脸的不屑神情："四体不勤，五谷不分。天下谁是夫子？我从来没见过这样的人。"

等到最后子路找到了孔子，就把路上的见闻和孔子说了。孔子说："这人是个隐士啊！"于是就和子路去找这位老者，可是却再也找不到了。

孔子的成功就在于他的淡然，对别人的话语不萦于怀，从别人简单的话语中找到对方的优点。我们也是一样，不要总认为话多就是好。我们每个人都有自己的忍耐限度，当我们说的话过于杂乱，让对方感觉厌烦的时候，就意味着你已经失败了。

山不在高，有仙则名；水不在深，有龙则灵；话不在多，有用就行。删繁就简的说话方式，更多的是一种经验的积累。用心去说，让经验成为我们的臂助，我们才能达到删繁就简，说服别人的目的。

一个商人辛辛苦苦地忙了大半辈子，终于富甲一方，不用再捉襟见肘，不用再斤斤算计，宽裕的生活向他展开。

富商攥着大把的金银财宝，破天荒地想给自己一次完全放松的机会。于是，他来到一片海滩上，准备静静地晒一晒太阳，享受一下大自然的美好。可是，已经习惯了在商场上拼杀的他，猛然这样一停下来，心里反而感到了百无聊赖的烦躁。

正在这时，富商看到了在不远处，一个衣着破烂的渔夫正在海滩上懒洋洋地晒着太阳，表情安详，嘴角微微上扬，一副怡然自得的样子。

富商见状，便好奇地走上前去问他："你不去工作，就这样浪费时间，怎么还会觉得高兴呢?"

渔夫反问道："我为什么要去工作呢?"

富商觉得渔夫的想法太不求上进了，理直气壮地解释说："努力地去工作，这样才能挣到足够多的钱，然后才能有钱出来到海滩上旅游，享受阳光啊。"

渔夫轻轻地笑了笑，依然不急不恼地问富商："享受阳光? 我现在不就是在海滩上晒太阳呢吗?"

再多的阳光，也是从天空中洒下来的；再多的废话，也是从简单话语中衍生过来的。其实，生活中没有过多复杂的东西，学会简而化之，才能少费气力，但却能说出越来越多获得众人认可的话语。

很多人都喜欢长篇大论，恨不得别人都不说话，这样，只会让自己的话语因为多，而变得没有“技术含量”。多数时候，言简意赅的语言，体现出的是一个人的干练，正因为这样，这个人才能不断突破自己，最终，走向成功。

其实，这样的例子还有很多，比如，一个程序越大，套用的模块就越多，这样就越容易出问题，当出现问题时，就要求我们从细节着手，这样，我们才能取出冗长的程序模块，用言简意赅的程序语言，把事情讲清楚。

舍弃是一种智慧，小舍小得，大舍大得，少说多做，一语中的，这样我们才能展现出自己与众不同的魅力。没有人会希望和废话太多的人打交道，因为这样无用的话，明显是在浪费我们的时间，我们要做的就是学会运用简单思维，把最真实的自己展现出来。

多听长智慧，少说修品行

人际交往中，我们应该善于倾听，多听取身边人的意见或者建议，给他们空间和时间，多去体会他们话语的意思，这样，我们身边的朋友才会注意到你，才会对你有一个好印象。

侧耳听智慧，专心求聪明。我们每个人都希望被别人了解，所以我们每个人才更愿意说话，去表现自己，但是，我们要知道，话太多只会让别人反感，其实，我们更应该做的是设身处地地为他人着想，站在对方的角度去思考问题，这样，我们才会多听少说，才会让身边人看到你的尊重。

很久以前，有一个小国派来使者到大国朝拜，这名使者带来了三个一模一样的小金人，活灵活现，皇帝非常高兴。使者不仅送来了三个金人，而且还提出了一个问题："这三个金人哪个最有价值？"

皇帝想了很多办法，命人去称三个金人的重量，并且让能工巧匠去研究小金人的做工，但是，比较了半天，也没发现这三个金人任何差别，皇帝这下就着急了，泱泱大国怎么能连小国的问题都答不出来？

这时，有一位大臣站了出来，他准备了三根稻草，稻草插入第一个金人耳朵里的时候，就从另外一只耳朵里出来了；稻草插到第二个金人耳朵里的时候，就从嘴巴里出来了；稻草插入第三个金人耳朵里的时候，就到了肚子里，再也没出来。

大臣说："第三个金人最有价值！"

皇帝如有所悟，奖赏了大臣。使者听闻皇帝的答案，也是点头称是："真正有能力的人，是会倾听，会思考的人，而不一定是最能说的人。"

最有价值的人不一定是最能说的人，老天给了我们一张嘴巴和两只耳朵，为的就是要我们少说多听。生活中，我们要善于倾听，只有用心去倾听，才能及时了解到别人的想法，善于倾听，才是一个人成熟的表现。

有些人认为，自己说话越多，就显得越有才华，其实，这种想法是非常错误的。真正有大智慧的人绝不会总是滔滔不绝，而是会花更多的时间用心去倾听。倾听是好口才的前提，但也要有侧重点，要学会过滤，这样，倾听的重要作用才能发挥出来。

倾听是一种智慧。当你在意某个人的时候，你才会愿意静下心来倾听，反之，如果你对这个人不怎么看重，也就不会有这样的耐心了。倾听更是一种慈悲，因为你可以站在对方的立场去思考问题，去帮助对方解决问题，这才是真正的朋友应该做的。

舍弃不必要的话语，认真倾听，我们才能听懂一个人的心。等到我们专心听完对方说的话之后再发言，就会显得更有力度。放下说话的冲动，先去倾听，听到别人的需求，才能用最简单的话语打动对方。

一家食品公司悄无声息地挤进全国50强企业，一时间各大媒体都将灯光聚焦在了这家公司。在对该企业议论纷纷的同时，人们却发现引领这家企业走向成功的幕后人竟从来没有被曝光过，人们对他的过去一无所知。

于是，无论是知名报社的记者还是杂志社里的无名小卒，都想一睹该企业老板的风采，然而所有人都吃了闭门羹，这位成功老板谢绝所有人的采访。在人们几乎要放弃这个想法时，一篇该企业的专访登在了本地一家小有名气的报纸上。

究竟是谁如此幸运，竟采访到了这位神秘人物呢？专访最后的署名，竟是一位不知名的小记者，这究竟是怎么一回事呢？

原来，该企业老板曾有过一段不堪的过去，他曾进过牢狱，出狱后，从一个路边的水果零售店起家，后来逐渐做大，直到挤进全国50强。小记者通过各种渠道打听到了这些细节，但他并没有对任何人说起。

在见到该企业老板的时候，他故意装糊涂地说道："听说您当年是单枪匹马下海闯天下，从一个小小的水果摊开始，一直做到今日拥有万人以上的企业，这是真的吗?”

企业老板见对方直接越过自己那段不堪的过去，心里感到很安慰，于是滔滔不绝地讲起了自己心酸的创业史，没有一丝顾忌。而在整个采访过程中，小记者只是做了一个静静的聆听者。

最后，当企业老板结束谈话后，他不仅大加称赞了这位小记者，还请他做自己公司的公关部主任。就这样，小记者只倾听了一段辛酸故事，便有幸写出了一篇独家专访，而且还得到大企业的聘请函。

由此看来，多听少说，是一种智慧，更是交谈的一个绝招。小记者就是因为肯做一名小小的听众，才做到了别人所不能做到的采访，才为自己争取到了一个成功的机会。

倾听可以让我们感受到对方心底的声音，如果我们只是滔滔不绝去说，只会让最真实的声音消失。倾听可以给别人一种随和的感觉，还可以让别人感觉到你的真诚。人活在世上，善于倾听很重要，这样，别人才会从心底注意到你。倾听是我们每个人内心的需求，我们需要别人了解自己，需要朋友知心，最重要的就是需要对方的倾听与理解。

俯下身去倾听，往往可以听到别人心底的声音，不管如何，你愿意听，对方愿意说，这样，才能让彼此之间的关系更加融洽。我们不要过于虚荣，总想展现自己，这样只会让我们失去别人的尊重，如果长此以往，我们就会失去越来越多的朋友。

知人知面莫如知心，知心要从哪里开始？知心就要从倾听开始，倾听是了解一个人的最佳方式，倾听能让你在最短的时间里了解别人，通过倾听，我们才能获得越来越多的朋友，而成功也将会在下一秒钟出现。

简单洒脱，享尽快乐

林肯曾说：“如果结果证明我是对的，那么人家怎么说我就无关紧要；如果结果证明我是错的，那么即使花十倍的力气来说我是对的，也没有什么用。”除了自己，没有人可以决定我们的路怎么走。

我们只要心中知道自己在走什么样的路，便没有人可以减损我们前进的动力。浊者自浊，清者自清，视而不见、充耳不闻，谣言自然便不能伤害到我们。毁誉不改其守，抑扬不更其志；内心淡然而定，任雨打风吹，自若向前。

说话之道更是如此，我们说出的话是我们内心的反应，如果总是把自己的内心弄复杂了，我们说出来的话也会变得非常复杂，而且还会含混不清。越是简单明了的话，越显得干脆。如果我们总是听从别人的建议，别人让我们怎么说，我们就怎么说，那我们只会成为别人的替代品了。如果我们说的话华而不实，就算用再动人的辞藻，也无法掩盖住自己的浅薄。越是简单，就越容易让人接受，因为我们就是这样一个简单的人。

狄仁杰办事公平，执法严明，在当地有着广受称赞的美誉。但武则天还是想再有意考察一下狄仁杰，便在一次上朝后留住了他。武则天故意告诉狄仁杰："你在豫州任职时，政绩的确突出，名声也很是清明，所以我任命你为宰相。但是回京后，我却听见有人说你不好。"

狄仁杰只是简单应和了一声，毫不在意。

武则天不禁追问："你不想知道说你坏话的人是谁吗?"

狄仁杰正色道："人家说我的不好，如果确实是我的过错，我愿意改正；如果陛下已经弄清楚不是我的过错，这是我的幸运。至于是谁在背后说我的不是，我不想知道，这样大家可以相处得更好些。"

对狄仁杰的气量和胸襟，武则天多少也有些耳闻，但亲耳听到这样的话，还是不禁钦佩他的政治家风度，而自此之后，武则天就更加赏识和敬重狄仁杰了。

"毁誉从来不可听，是非终久自分明。"只要我们内心笃定，不卑不亢，就不会被别人的言语所左右。越是简单的人，心里越澄澈，他们知道自己在做什么，就算别人说再多的话，他们也不会被别人所左右。

能够享受简单生活的人，一定拥有博大而淡定的内心。他们对自己应该理睬和不该理睬的事物了然于胸，他们不会虚度自己的青春，他们知道何事何时应该做，何事何时可以解决。他们做事总是快刀斩乱麻，当别人还在思考的时候，他们已经捷足先登了。

我们常说以小见大，大就是从简单话语中而来。简单做人，简单做事，只有这样，我们才能活出最真的自我，才不会被外界因素束缚住，因为简单背后是别人难以企及的成功。

哥伦布发现新大陆返回英国后，受到英国皇室上下贵宾似的礼遇。而许多王公大臣、绅士名流对这个没有爵位头衔的人嗤之以鼻，不服之气频频。

一次，在英国女王为他接风洗尘的庆功宴上，名流大臣纷纷出言讥讽哥伦布："没什么了不起的，我要出去航海，只要朝一个方向前进，照样也会有重大的发现！""太容易了！这种事谁碰上谁出名。哥伦布这家伙的运气真好！"

听到这样的讽刺和挖苦，哥伦布笑笑，起身说："各位尊敬的先生、女士，现在请大家做一个游戏——哪位能把鸡蛋在桌子上立起来？"

话音刚落，底下一片哄然。许多人跃跃欲试，但却没有一个人能够把椭圆形的鸡蛋立在桌子上。

终于，有人生气地发话了："别再愚弄我们了！大家立不起来，你也不能！"

这时，只见哥伦布拿起鸡蛋向桌子上轻轻一磕，鸡蛋的大头就凹了下去——哥伦布就这样从容地把鸡蛋立在了桌子上。

看到眼前的这一幕，所有人惊呆并沉默了两秒钟。继而引发了一阵更大的骚乱："这也太简单了，谁不会呀！"大家嚷嚷道。

"是的，这方法的确很简单，可是我说过了，这仅仅只是一个小游戏而已。"哥伦布笑着说，"但问题是，在这之前，你们为什么都没有想到过这个方法呢？"

看起来简单的东西，其实，隐藏在其背后的却是锲而不舍的努力。很多人往往羡慕别人的成功，认为对方的成功是很简单的，是自己也可以做到的，但是事实却恰好相反，简单的背后却隐藏着我们所不知晓的大文章。

简单是一种生活，更是一种幸福，不要过于艳羡或是忌妒别人的成功，我们只有认真做好自己，才能让自己的成功变得更有韵味。我们不应该太过在意别人的看法，我们要相信，自己做的才是最好的，简简单单的东西未必会是错的，未必就是不好的。简单的话语往往会有直指人心的力量，而这样的力量则可以震慑住众人。

说话之道就在于此，如果我们早早说话，就会错过机会，也许一句简单干练的话语就会为我们赢得一次宝贵的机会。好好把握每一次说话的机会，不要拖泥带水，这样，成功才会离我们更近一步。

人生都道聪明好，难得糊涂方为真

人生中有太多的机遇，我们不懂得把握，但越是如此，就越需要我们学会圆滑处世。每天奔走辛劳，既要照顾到上级，又要体贴下属；既要对得起父母，又要照顾到孩子。不管到哪里，我们都要殚精竭虑，为的就是能够做到尽善尽美。

不管是生活还是工作，所有的事情都是属于我们自己的，多数时候，我们会因为事情过多而忙碌，这时，我们与其事事明察，不如糊涂一些，让自己少一些痛苦，多一些快乐。人生最重要的就是舍弃，一味地奔走，只会让我们错过人世间的美景。真正大智者往往选择用“装糊涂”替代“装聪明”。纷繁变幻中，透彻于世事人性，以四两之轻拨动千斤之重。

难得糊涂，就是放弃繁杂，淡然视之，这样，我们才能收集到人生更多快乐有益之事。不管我们和谁交流，做什么事，都应该抱着一种难得糊涂的心态，简化繁乱、淡化得失，那么自然就会心安神定、波澜不惊。

三国时期，魏国正始帝曹芳登基，司马懿和宗室曹爽同为顾命大臣，辅佐曹芳。曹芳年纪很小，经验阅历不多，因此许多事情都是交给经验丰富、智谋过人的司马懿去处理。

大学士何晏和曹爽想要夺回司马懿的兵权，就主动找幼主曹芳去游说。曹爽前去拜见曹芳，说司马懿劳苦功高，应该加封他为太傅。这么说表面上是加封司马懿，其实是要让司马懿交出兵权。曹芳年幼，没什么主见，就听了曹爽的话，封司马懿为太傅。

司马懿听说之后大吃一惊，只能等待曹爽犯错。没过多久，李胜升任为青州刺史，特地前来向曹爽辞行。曹爽计上心来，让他去太傅府辞行之时，趁机观察司马懿的情况。

司马懿问询后，深知李胜哪里是来辞行，分明是曹爽派他前来探听虚实。于是便佯装出一副病入膏肓的样子。等李胜来到司马府上，司马懿正形容枯槁地在床上躺着，要靠两个丫头搀扶着才勉强站立起来。李胜告诉他说："我就要到青州上任了，特地来向您辞行！"

司马懿说话含混不清："并州靠近匈奴，一定要好好防备啊！"

李胜纠正说："是青州，不是并州！"

司马懿又说："你从并州来？"

李胜再次纠正道："是山东青州。"

司马懿依然装作愚钝，哈哈大笑道："你刚刚从并州回来？"最后，李胜无奈之下只好取来纸笔，才跟他说明白了。

司马懿看了好大一会儿才说：“原来是青州，看我病得耳聋眼花了。请刺史一路保重！”说罢，司马懿用手指了指自己的嘴巴，丫头就立即端着汤水奉上。只见司马懿俯下身去想要喝汤，一不小心，汤水就洒了他一身。

司马懿不禁感伤，请求李胜道：“我年老体衰，怕是活不长了。我的两个儿子还要靠曹大将军多多照顾，请李刺史在曹将军面前替我多美言几句吧！”司马懿说完，指了指自己的两个儿子。

李胜刚一离开，司马懿马上披衣起身，和刚才判若两人。他告诉自己的儿子司马师和司马昭说：“李胜回去后，定会向曹爽报告我的情况。这样曹爽就不会再疑心我了，如果曹爽下次再出去打猎的话，我们就可以动手了。”

李胜回到曹爽府上，把自己的所见所闻汇报给了曹爽。曹爽听了非常高兴：“这个老家伙一死，我就再也没有后顾之忧了。”几天之后，他就带上魏主曹芳，率领御林军，借口祭祖出城打猎去了。

司马懿一看机会来了，马上带着两个儿子和一部分忠于他的士兵直闯宫中，逼迫郭太后下达懿旨，说曹爽奸佞乱国，要撤职查办。太后被逼无奈，只好屈从。

接着，司马懿一鼓作气攻占了城中的兵营，关闭了城门。曹爽接到郭太后懿旨之后，本来能以大将军的军印讨伐司马懿。但是他性格懦弱，全然不顾手下的劝说，反而听信了司马懿的劝降，将大将军印交了出去。

自此，司马氏便成了魏国真正意义上的执政者，为后来统一三国，建立西晋打下了基础。

糊涂是一时的假装，并不是指我们真正的糊涂，而是我们暂时示人以弱，为了将来的强势崛起积蓄力量。示人以愚是因为我们心中有更大的梦想，而选择的暂时求全策略，为的是谋图更大的发展。

人生在世，又岂能时时顺心、事事如意？如此，做人就不应处处斤斤计较，精明计算；该糊涂的时候就不要顾及自己的面子、学识、权势，而一定要糊涂。放下复杂的构思，拾起简单的方式，才可不为烦恼所扰，不为人事所累。而这样，我们才能在保全自己的基础上，取得更大的发展。

与人交往时，糊涂有时是润滑剂，适当的糊涂可以让我们产生一种亲和力，让我们说出的话语变得更有张力。

一位有大智慧的人自感年老体衰，决定从自己门下的两个得意弟子中选出一个衣钵传人。而师父对两个徒弟的考核也很简单：各自出门去捡一片最完美的树叶，谁找到了谁就可以继承遗志。

两个徒弟听到师父的题目后，没有多想就领命而去，各自奔走。

没过多久，大徒弟拿着一片非常普通的树叶回来了。这片叶子看上去没有任何特别之处，更谈不上所谓的完美。

而后，又过了很长时间，小徒弟才回来。他两手空空，非常沮丧地对师傅说：“我看到外面有许多的叶子，但是按照您的要求，我看到这片叶子不如那片叶子好看，那片叶子又不如下一个完美；挑来挑去，我怎么也找不出一片最完美的树叶。”

师父拿着大徒弟带回来的叶子，颇有深意地对他说：“这片树叶虽然并不完美，但是它已经是我看到最完美的树叶，因为我已经从你的身上看到了我所需要的东西。”

结果不言自明，大徒弟得到了师父的真传。对此，两个弟子的师父进一步向他们解释说：“其实，世界上本来就没有绝对的完美。如果事物都完美了，又哪里还有喜怒哀乐，又哪里会有百态万千？我们每天的修行也就没有意义了。修行的目的就是为了去除心中的杂念，让自己的心境尽量达到完美。”

人世间本来就没有十全十美的事情，我们既然无法让所有人都满意，就应该在该糊涂的时候糊涂，不要总是钻牛角尖，钻牛角尖只会让我们走进死胡同。

人活一世，没有所谓的完美，而我们立世做人，也不可能时时拔高显精。对于那些不可能达到的程度，我们完全可以糊涂一下，退而求其次。只要心中不再自我纠缠，那么我们的人生就会变得相对“完美”，那些人生中不可避免的瑕疵，也会在糊涂的感觉中变得不再那么难以忍受。

王安石曾在《游褒禅山记》中说：“尽吾志也而不能至者，可以无悔矣。”宋代禅宗大师行思曾经提出参禅的三重境界：“参禅之初，看山是山，看水是水；禅有悟时，看山不是山，看水不是水；禅中彻悟，看山仍然是山，看水仍然是水。”

参禅悟道如此，人生又何尝不是如此。糊涂是一种生活艺术，更是一种境界，只有历尽沧桑，才能感受到糊涂的真正价值。

看破红尘便是仙，无为中道是有为。说话之道就是如此，暂避锋芒，迂回作战，示人以弱才能胜之以强。说话之道的精髓就在于此，收敛锋芒，低调处世，我们才能看得更透彻，看得透彻了，自然会说得透彻了。

打动人心的话语

我们一生中会遇到无数的人，有同路的，也有陌路的，这就需要我们学会分析，哪些人是我们所需要的，然后，把自己的心思放到这些人身上，只有这样，我们才能在简化关系之后，让身边重要的朋友变得更加重要。

如果我们不去选择朋友，而是任由其“生长”的话，只会让朋友变得越多，多了之后就会变得杂乱。这就好比一棵正在生长的树，如果我们不经常给树修剪枝杈，只会导致树的生长激素无法分泌，这样一来，我们身边的人就会变得杂乱繁多。我们只有及时修整，才能简化身边的人，朋友关系简单了，我们的人生就会变得美好了。

一天，一个营长对值班军官说：“明晚大约 8 点钟左右，哈雷彗星将可能出现在这一地区，这种彗星每隔 76 年才会出现一次。命令所有士兵着野战服在操场上集合，我将向他们解释这一罕见的现象。如果下雨的话，就在礼堂里集合，我将为他们放映一部有关彗星的影片。”

于是，值班军官将命令传达给连长：根据营长命令，明晚 8 点哈雷彗星将在操场上空出现。如果下雨的话，就让士兵们穿着野战服前往礼堂，这个十分罕见的现象将在那里出现。

接着，连长传达给排长：根据营长命令，明晚 8 点，不同凡响的哈雷彗星将身穿野战服出现在礼堂，如果操场上下雨的话，营长会下达另一个命令，这种命令每隔 76 年才会出现一次。

排长传达给班长：明晚 8 点，营长将带着哈雷彗星在礼堂中出现，这是每隔 76 年才会有的事。如果下雨的话，营长将命令哈雷彗星穿上野战服到操场上去。

班长传达给士兵：在明晚 8 点下雨的时候，76 岁的著名的哈雷将军将在营长的陪同下身穿野战服开着那辆“彗星”牌汽车经过操场然后前往礼堂。

不要以为这只是一个笑话，其实在日常生活和工作中，经常会出现这种误会，而误会的起因就是中间的传话筒太多了。

在与人交往中，我们要分清主次，找到交往的侧重点，只有这样，才能让一切变得简单而明了，这样的朋友交往更能为我们的未来铺平道路。

职场中就更是如此了，在一个企业或团队中，人事的复杂是工作积极性降低的主要原因。即使对工作是热爱而充满动力的，但过于烦琐的人事关系也会冲淡员工的积极性。而对事不对人的管理，就是要避免诸如同事间的猜忌或排挤、上下级之间的摩擦与怀疑等现象的出现。在这样的氛围中，内部成员之间都可以进退自如，通力协作，进而以简明的往来创造出高效的团队。

换一个灯泡需要多少人？

这样一个非常有意思的问题，在一本《谁来买单——走进经济学聊天室》的畅销书中被明确地提出。进而，作者杜仲明分析道：

如果灯泡坏了的时候，只有儿子一个人在家，那么问题自然很简单：他找一个灯泡换上就可以了；

但如果这时妈妈和儿子同时在家，那么换一个灯泡就需要两个人：儿子在椅子上安灯泡，妈妈在下面扶椅子；

如果灯泡坏了，恰好爸爸、妈妈和儿子同时在家，那么，儿子在上面安灯泡，妈妈在下面扶椅子，爸爸在边上给儿子递灯泡；

如果灯泡坏了，爸爸、妈妈、儿子和女儿同时在家……这是一个没有止境的结果。

灯泡安好后，随之又产生了新的问题：由于灯泡是大家共用的，谁也不会像在乎私人物品一样去关心它的费用。家里常常出现长明灯现象，电费居高不下。

作为一家之主的爸爸，组织召开家庭会议，大家选大儿子负责灯泡的开关管理，当月的费用马上降了下来。但是大家纷纷对大儿子有意见，认为他不公平，他儿子写作业和他老婆上厕所的时候，他就允许开灯；别人有事的时候，他就百般找借口不许开灯。每次为了开灯，还要给他买烟、买糖……

为此，爸爸组织了无数次家庭会议，专门设置了监督员，负责监督开关管理人员。开关管理人员开始由18岁以上的家庭成员轮流担任，还选举了家庭电灯电费管理小组，同时根据家庭的实际情况，制定用灯管理制度，制定每月电费控制指标……这件事情总算是暂时消停下来。

换灯泡虽然是一件小事，但是如果我们不能分配好每个人的工作，也会把这件事搞砸。简化关系，不仅是对事情本身负责，更是对自己负责的一种表现。只有分清关系中的轻重，我们才能找到真正属于自己的成功之路。

不要因为一些事就把一个人否定了，简化关系就是要求我们透过现象看本质，只有这样，我们才能找到和我们同行的人，然后用自己的真诚打动他们，这样，我们才能和同路人一起，创造出美好的明天。

舍弃复杂，是让我们取其精华，去其糟粕，我们一生中会遇到很多人，但是真正能跟我们有关系，能够走得长远的人却少之又少，这就需要我们简化关系。简化的关系，再配上简单的话语，才能打动人心，才能得到人心。

第十一章 ╱ 沟通要灵活有度

人活一世，会遇到各式各样的人，在与他们交往中，我们要做的就是把握好尺度，沟通中就更是如此了。口才的力量在于张弛有度，深一分不行，浅一分也不行，我们只有找到真正适合彼此的沟通方式，气氛才能缓和下来，最终和我们趋于一致。

沟通得当，做到进可攻退可守

在生活中，很多人在面对别人的请求时，只是一味地答应，即便是别人的要求很难办到甚至是无法办到时，他们也不会去拒绝别人。他们怕一旦拒绝对方的要求，会伤了双方的感情，或者会让自己吃亏。其实，他们不知道，越是想讨好每个人，最后可能连一个朋友也没有了。

我们要知道，一个人的精力、时间和财力是有限的，我们不可能处处顾及，甚至有时为了照顾别人，结果把自己的事情都给耽误了。其实，只要在拒绝别人的时候避免直截了当，最好能找到一个适当的借口，那么你所担心的“失去亲情、友情，或者会让自己吃亏”就不会发生。在向别人说“不”的时候，让别人知道你有说“不”的原因，那么别人也会理解你的拒绝。只要你的拒绝合情合理，那么完全可以获得别人的谅解，赢得对方尊重。

1799年，年轻的拿破仑在意大利战场取得全胜。从此，他在巴黎社交界身价倍增，也成为众多贵妇追逐青睐的对象。然而，拿破仑对此却并不热衷。当时的才女、文学家斯达尔夫人，几个月来一直在给拿破仑写信，想结识这位风云人物。

在一次舞会上，斯达尔夫人头上缠着宽大的包头布，手上拿着桂枝，穿过人群，迎着拿破仑走来。拿破仑躲避不及，斯达尔夫人把一束桂枝送给拿破仑，拿破仑说道：“应该把桂枝留给缪斯（希腊神话中的文艺女神）。”

然而，斯达尔夫人认为这只是一句俏皮话，并不感到尴尬。她继续有话没话地与拿破仑纠缠，拿破仑出于礼貌也不好生硬地中断谈话。

“将军，您最喜欢的女人是谁呢？”

“今天的葡萄酒真不错。”

“你很喜欢吗，那我们来喝两杯。”

“外面好像下雨了。”

“哦？你喜欢下雨吗，我很喜欢这样的天气。”

“我想我的妻子应该在给孩子们做饭了吧。”

他们这样一问一答，拿破仑不仅达到了拒绝的目的，而且斯达尔夫人也知道了拿破仑并不喜欢自己，于是只好作罢。

外交场合中，最重要的就是坚持自己的原则和立场，不该做出让步的决不松口，同时又要做到言行得体，不失礼仪。很多时候，我们不能过于直露地去驳，拿破仑转移话题拖延应付，达到了拒绝的妙用。

在现实社会中，任何人都不可能脱离他人而独立存在，人与人之间总要存在一定的联系，这也为人际交往提供了必然性。只要有人际交往，就一定会有请求与被请求、拒绝与被拒绝的事情发生。对他人的困难急人所急，热情帮助，这都是应该的，但前提一定要量力而行。如果遇到做不到的事情，就要学会拒绝。

我们在找借口、托词来拒绝别人时候，都要有个度，所使用的借口和托词要实在，这样会减少拒绝别人所带来的尴尬。比如说在舞场上，别人好意邀请你，而你内心实在不想跟他跳，那就可以用“我累了，想休息一下。”像这样合情合理的托词，既可以达到拒绝别人的目的，又可以获得别人的谅解，更不会伤及别人的自尊心。

小李24岁，才貌双全，大学毕业后分到一家公司。不料，她的顶头上司王经理对她一见倾心，观察了一段时间，见小李好像名花无主，便发起了猛烈的攻势。可是小李却觉得王经理锋芒太露，好出风头，不适合自己的性格，决定拒绝他，但是直接回绝，又怕伤了王经理的自尊，给自己以后的工作带来不便。考虑再三，最后小李找了个借口，彬彬有礼地告诉经理：“我已另有所爱，只是男友暂时在外地工作。”如此一来，经理在“恨不相逢未嫁时”的深深遗憾中打消了自己的念头，和小李以正常的上下属关系相处了。

这样的成功案例还有很多，我们再来看一名销售员拒绝客户时所使用的优秀口才：

一个年轻的物资销售员经常与客户在酒桌上打交道，长此以往，他觉得自己的身体每况愈下，已不能再像以前那样喝太多的酒了。可应酬中又是免不了要喝酒的，怎么办呢？后来他想到一个妙计。每当客户劝他多喝点的时候，他便诙谐地说："诸位仁兄还不知道吧，我家里那位可是一个母老虎，我这么酒气熏天地回去，万一她'河东狮吼'起来，我还不得跪搓衣板啊?"他这么一说，客户觉得他既诚恳又可爱，自然就不再多劝了。

委婉的拒绝可以体现出一个人的风度，虽然无法帮助对方，但是委婉的拒绝可以把大事化小，小事化了。多数时候，就要求我们会说话，说好话，这样的拒绝显得更加真诚。

我们找的借口要有度、周密，避免自己弄巧成拙，否则的话别人不仅会因为你的拒绝而恼怒，更会因为你的欺骗而记恨。周密的借口，最好要以不在场的人做挡箭牌，以不在场作借口，一则，使借口变得更加有力；二则，可避免对方将矛头指向你，让别人明白另有原因，而且借口中提及的人如果不在当场又可以让别人无从辩驳。

现代社会，交际应酬是众多男性的社交手段之一，其主要内容便是吃饭喝酒，不醉不归。很多男士一见酒瓶就胆战心惊却又不知如何拒绝。但也有"聪明人"，席间，主人殷勤地向客人劝酒，客人站起来，说："出门夫人有交代，少喝酒多吃菜，少端杯多拿筷，喝不了站起来，喝多了门不开。"

很多时候，我们的拒绝给对方带来伤害，这并非是由于我们拒绝了他，而更多的是我们拒绝的语言和方式不得当造成的。人活一世，万事都要有个度，只有这样，我们才能在人际交往中不得罪人，让对方坦然接受我们的拒绝。

言语谦和，行为低调

有句话说得好，没有卑微的事情，只有卑微的人格。这就要求我们，无论是面对别人还是自己，都要做到谦和有礼。既不畏惧自卑、低声下气，又不自大狂傲、放肆嚣张。

为人处世，我们要谦和有度，只有这样，才能让对方感觉到你谦和的态度，才会让对方感觉你是一个可以深交的人。谦和和自认卑微，这中间仅仅差一个“度”。我们只有掌握好分寸，不过傲，也不过卑，遇事要沉着冷静，有主见的同时不顽固不化，谦虚为人的同时没有低人一等的自卑；坚持自己为人处世的标准，做到不随波逐流。

人们都喜欢在彼此尊重的状态下交往，如果一个人不懂得尊重自己、尊重他人，不仅会丧失自己的人格尊严，而且也会伤害别人，甚至形成人际交往的鸿沟。如此，便很难得到别人的尊重，也很难有所作为。

隋朝末期，天下动乱。苏世长原是江都郡丞王世充的手下，但是后来王世充兵败，苏世长就投靠了高祖李渊，被封为玉山屯监。

有一次，李渊在玄武门见到了苏世长，就问他：“你说你是属于喜欢阿谀逢迎的人还是正直不阿的人?”

苏世长回答说：“我是特别愚蠢又特别正直的人。”

李渊又问他：“你如果像自己所说的那样正直，那为什么还要背叛王世充而归顺于我？”

苏世长回答说：“现在洛阳已经平定，天下一统。微臣智穷力短，这样才归顺陛下。如果王世充还在，微臣占据汉南，那么，还是一个非常强大的敌人。”

李渊笑道：“名长意短，言行不一。你对郑国放弃忠诚，对我却是背信弃义。”

苏世长回答说：“我承认名长意短的确是像陛下所说；但言行不一我却不敢认同。以前，大将窦融率领河西投降汉朝，从而十代封侯；而臣率领山南归顺唐朝，却只得到屯监的职位。”

原来，苏世长是嫌封赐的官职太小。于是，李渊当天便下令，提升苏世长为谏议大夫。

还有一次，苏世长在披香殿陪同李渊喝酒时，发现殿堂修建得奢侈堂皇，苏世长就劝谏说：“这殿堂如此富丽堂皇，一定是隋炀帝建造的。”

李渊生气地说：“你实在是狡诈，明明知道这殿堂是我造的，为什么反而说是隋炀帝呢？”

苏世长回答说：“臣实在不知道，只不过看到这里如此奢华，实在不像受天之命的帝王爱民节用的行为。如果宫殿是陛下建造的，确实不应该。臣过去看过陛下的房屋，能够遮风挡雨就足够了。如今天下一统，陛下理应居安思危，不忘节约。”李渊听后，觉得苏世长的话也有几分道理，就虚心接受了他的建议。

苏世长是降将，地位比较特殊。在面对李渊提问的时候，他既没有表示出对李渊的过分尊重，也没有表示出过分的谦卑。而是从容自若，淡定如水。正是因为苏世长在这两者之间掌握好了分寸，才得到了高祖的赏识。

我们都喜欢和谦和的人交往，因为这样的人会给我们留下展现自己的空间，正因为此，在这样“度”的基础上，我们才能做到最好。

在同一起跑线上，谦和做事的人，会给自己带来更好的机遇。没有任何一个人会喜欢和趾高气扬的人做朋友，因为这样的人很容易给人一种不平等的感觉，就算他们再有能力，我们也不会喜欢这样的人。我们更喜欢和谦虚的人交往，因为这样的人不张扬，懂得收敛自己。

谦和也要把握好“度”，过度了，就会变成卑微了，这只会让我们处于弱势，让别人看到我们缺点，这样一来，对方就没有心思再和我们成为朋友了。说话谦和，是一种从容大度的展现，只有这样的话语，才能得人心，才能让我们在社会复杂的人际关系中得到更多。

一位女士的女儿，从剑桥大学毕业回国之后，在香港特区一家金融机构任职，每月薪水数万港元。这位女士对于女儿的工作相当自豪，每每与亲朋好友闲聊，必要夸耀女儿的风光。偶然一次女儿发觉了，便极力制止母亲，说总夸自己的女儿，突出自家好，人家会有什么感受，不要因此伤害了亲友的感情。

女儿的话在情在理。她的意思是说在说话的时候，要避免过分突出自己，造成别人心理失衡，产生不快情绪，以致影响了相互间的融洽关系。

还有一个小故事：

已经获得了两届奥斯卡最佳女主角大奖的英格丽·褒曼又因在《东方快车谋杀案》中的精湛演技再次荣获最佳女配角奖。然而在她领奖时，她一再称赞与她角逐最佳女配角奖的弗伦汀娜·克蒂斯，认为获奖的应该是这位落选者，并由衷地说："原谅我，弗伦汀娜，我事先并没有打算获奖。"

成为获奖者的褒曼，没有喋喋不休地表述自己的成就与辉煌，而是对自己的对手给予了高度的肯定，极大地维护了落选对手的面子。那么，无论这位对手是谁，都会对褒曼产生深深的感激之情，会认定她是倾心的朋友。一个人能在获得荣誉的时刻，想到对手的感受，并如此善待竞争对手，如此与对方贴心，实在是一种难能可贵的风度和品质。

谦和而不卑微，只有这样，我们才能在有尊严的基础上打动别人，说服别人。晓之以理，动之以情，表现出谦和的态度，说出谦和的话语，我们才能让对方接受我们。

谦和处世，未尝不是一种练达人生的体现。我们不要去在乎别人的看法，最重要的就是做好自己，学会用自己的谦和，用自己的真诚去说服别人。只有这样，我们才能得人心，才能收获成功。

赞美要恰如其分

赞美的话也应避开那些陈旧的赞美之词，夸人也得适当地变变花样，不能总是一成不变地用那些过时的或者不新鲜的语言去赞美对方常常被人提起的方面，而应大大赞美其鲜为人知的一面。

人们都喜欢听到赞美之词，但是如果赞美之词流俗了，就会显得苍白无力，不仅没有达到期望的目的，反而会收获到相反的结果。举个例子来说，不少人赞美军人，不论在这方面怎样赞美他，也只是赞歌中的同一支曲子，不会有好的效果。这时，赞美者不妨换换花样，从其他方面入手，比如你对他军事才能以外的地方加以赞赏，等于在赞词中增加了新的内容，他便会感到无比满足。

一位年轻小伙子到同学家去玩，见到同学的哥哥后，上去就来了一套公式："大哥你好，见到你真高兴！久闻你的大名，如雷贯耳，真是百闻不如一见!"没想到对方的脸从头红到脖子。原来，他同学的哥哥因打架斗殴蹲了15天的拘留刚出来，这个年轻小伙子根本不明情况就"久闻大名"地恭维了一番，却揭了对方的伤疤，教训甚大。

称赞人想要出彩，就要说在点子上，像上面那位同学的话就非常不可取了。如果他能把话说到点上，并且能让自己的赞美出新，就会让对方感觉到一种前所未有的快乐。

大家都知道空姐们既漂亮又热情周到，所以她们听到乘客对自己容貌和服务方面的赞美太多了。一位先生一次在下飞机时，很激动地对空姐赞美道："我在国外坐了这么多次飞机，第一次遇到对我们这么友好的服务小姐。"这位先生没有赞空姐漂亮，也没有赞其服务水平有多高，而换了个角度称赞，可谓别出心裁，效果卓著。

夸赞人也得变点花样，赞人所未赞，而又绝非空穴来风，方能显出赞美者的独到眼光以及与众不同。"喜新厌旧"是人们普遍具有的心理，陈词滥调的赞美，只会让人感觉索然无味；而新颖独特的赞美，则会令人回味无穷。

每个人都有一技之长，大家往往都很容易发现这一点，赞美其专长的人也最多。时间长了，被赞美的人听得都腻了，对这方面的赞美不但不起作用，而且非常反感。常言道：好话听三遍，听多了鬼也烦。

赞美他人时，如能变点花样，在赞美词的运用上攻其不备，出其不意，围绕对方关注的但又不是专长的方面进行赞美。往往能使对方喜出望外，从而使你的赞美收到意想不到的效果。

我们在日常交往中，应该注意观察，并且深入挖掘对方的优点，只有这样，我们才能让赞美有新意，才能让自己的口才能力能够从众人中凸显出来。

如科学家、演员、作家，或在某些方面有较突出成就的普通人，他们可能在各自的领域里都颇有建树，而他们在各自领域里所取得的成绩的赞美声也就会不绝于耳。那么，我们不妨另辟蹊径，如赞扬他们和谐的家庭生活，他们漂亮的衣着打扮，他们亲切的微笑，以及优秀的品格，等等，这样肯定会使他们的喜悦倍增。

1960年，法国总统戴高乐访问美国。在一次尼克松为他举行的宴会上，尼克松夫人费了很大的心思，布置了一个美观的鲜花展台，在一张马蹄形的桌子中央，鲜艳夺目的热带鲜花衬托着一个精致的喷泉。

精明的戴高乐将军一眼就看出来，这是女主人为了欢迎他的到来而精心设计制作的，不禁脱口称赞道："夫人为举行这次隆重的宴会，一定花了很多时间来进行漂亮、雅致的计划与布置吧!"尼克松夫人听后十分高兴。

事后，尼克松夫人对朋友说："大多数来访的大人物，要么不加注意，要么不屑对此向女主人道谢，而戴高乐将军却总是能想到别人所未想的。"

或许在其他大人物看来，尼克松夫人所布置的鲜花展台，只不过是她作为一位总统夫人的分内之事，没有什么值得称道的。但是，戴高乐将军的细心和精明却让他领悟到了尼克松夫人的苦心，并因此向她表示了特别的肯定与感谢，献上了与众不同的赞美，使尼克松夫人异常地感动。

赞美要有新意才会招人喜爱，才能让受赞美者听了感觉受用。陈词滥调每个人都会背，这样的赞美会引起人的反感，要引起对方注意，让对方认同自己，必须有别具一格的赞美语言。

人生是一个不断成长进步的过程，我们的口才也是如此，我们只有不断变换花样，说出具有时代感的赞美之词，我们才能真正打动人心，才能体现出与时俱进的时代感，才能让赞美之词变得新鲜，给对方一种耳目一新的感觉。

陈词滥调都是些过时的东西，我们要做的就是赋予这些辞藻新鲜感，只有这样，我们才能说出别人感到新鲜的赞美之词。没有人会喜欢老掉牙的赞美之词，只有能够走进对方心里，能够让对方感觉到你内心的纯净真诚，才能让我们达成自己最需要的成功。

忠言未必要逆耳

说话只有适度，只有顺耳，对方才会乐于接受，不然，对方就会产生逆反心理，选择拒绝。

很多时候我们希望身旁能有一位良师益友，每当自己做事情出现偏差时，他能够及时地对自己批评指正，免得自己在错误的道路上越行越远。但是，当真的有人站出来指正我们错误的时候，我们却感到反感。为什么我们渴望别人给自己提意见，但是当意见、忠告袭来之时，我们又不爱听，甚至听后还感到难受、气愤，自信心、自尊心受挫呢？

究其原因，大都是因为这些批评指正提出的方式使我们心生反感而无法接受。明白了这一层道理，我们今后就要注意，在批评别人的时候，自己所用的方式要让人乐于接受。善于批评的批评者，即使批评他人，也能做到批评“不逆耳”，把逆耳的话顺着说。

我们常说，良药苦口利于病，忠言逆耳利于行。但是我们要知道，现在的药外边都裹上了糖衣，这就使得良药不再苦口，既然良药不苦，为什么忠言非要逆耳呢？

我们要先顺着对方的思路说，等到对方习惯我们的说话方式之后，我们再说出自己的意图，只有这样，我们才能说服对方，完成我们的本色演出。

五代时期，后唐的开国皇帝是庄宗，名叫李存勖。他武力推翻后梁政权后，建立了后唐政权。这时候天下太平，这位好战的皇帝感到英雄无用武之地，非常无聊，非常寂寞。

后来，百无聊赖的李存勖终于找到了一个打发时间的办法，那就是打猎。打猎虽然没有打仗的那种沙场风气，但是骑马弯弓射箭，以及马匹纵跃后荡起的尘土，让他有了一种沙场征战的感觉，别是一番滋味。

一次，李存勖的兴致上来了，骑马打猎，一打就到了中牟县。他纵马驰骋，马匹践踏了很多百姓的庄稼，但是李存勖根本不在乎。中牟县的百姓们倒了大霉，却都是敢怒不敢言，只好找到县令。

中牟县县令为民请命，拦住了李存勖的马，想要劝阻。没想到，县令刚一开口，就被李存勖下令要将其斩首示众。随行大臣纷纷战战兢兢，没有一个人敢再来劝阻。

随后，有一个叫敬新磨的伶人，从李存勖后面转到马的前面，并且立即率人追回要被砍头的县令，押到李存勖面前，假装愤怒地指责县令道："你身为一个小小的县官，难道还不知道我们的天子喜欢打猎吗？为什么要求老百姓种庄稼来缴纳国家的赋税呢？为什么不让老百姓空着田地饿肚子呢？为什么不让这些土地空着来让天子打猎取乐呢？你真是罪不可赦啊！"

发泄完怒火之后，敬新磨大声请李存勖对中牟县令行刑，其他伶人也随声附和。李存勖明白了敬新磨的用意，也意识到了自己的过错。于是哈哈一笑便纵马回宫了，并免了中牟县令的罪责，让他回府去了。

金无足赤，人无完人，人生在世，孰能无过？若有过失，即需旁人指点评说。纵使原有自知之明，也难免敝帚自珍。当局者迷，旁观者清。所以每一个人都需要善意的批评来鞭策自己。然而从理论上说，任何一种批评，对批评者和被批评者又存在着这样的悖论现象——批评者害怕自己善意的批评动机会伤害对方，被批评者希望得到别人的指正，同时又害怕失去尊严，因为畏惧批评。如何化解这种悖论，就是在批评别人之前先设身处地得替别人想想。

换位思考，找对劝谏的方式，然后用最适度的语言去感化对方，这样，别人才会认可我们的劝谏，我们才能让自己话语的力量打动对方。

一天，林灼灼陪着女朋友郭林静一起逛街。这天天气很热，所以没走一会儿，林灼灼就已浑身是汗，一个劲儿地在一旁抱怨。

走到一家冷饮店门前，林灼灼实在走不动了，说："咱们休息一会儿好吗？天气这么热。"

郭林静说："才走了一个小时你就喊累啊！"

林灼灼说："你们女人是天生的走路狂，我们哪能和你们比！"

不知道为什么，郭林静听完此话，突然变得异常暴躁，把东西往地上一扔，说："哼，不想和我走，那你一个人走吧！谁稀罕和你逛！"

林灼灼摸不着头脑，迷惑地说："你这是干什么？"

可是，郭林静好像没有听见，依旧一个人站在一旁生闷气。这下子，林灼灼不知道该怎么办才好了。他发现路边有人正看他俩，更是羞得一脸红，于是有些凶巴巴地说："别闹了，人家都看着呢，多丢人！"

林灼灼原以为，这句话会让郭林静平静下来。谁知她扭过头，说："你什么意思？你的意思是说，我在这里很丢你的人？"

林灼灼一愣，一时间竟无语相对。郭林静显得更生气了，说："你怎么不说话，你是不是就是这么想的！你难道没看见我刚才不高兴吗？为什么你不会安慰我一句，反而说出那种话！"

"够了！"林灼灼终于忍无可忍，大声喊道，"我就是觉得你丢人，你丢人！"

顿时，郭林静的眼泪流了下来。她说："我记住你这句话了！"说完，扭头就跑走了。林灼灼颓然地坐在地上，他不知道怎么了，刚才说出那种话。他不停地喃喃自语道："怎么本来快乐的下午，变成这个样子了？变成这个样子了？"

林灼灼的失败之处就在于，说出了"别闹了，人家都看着呢，多丢人！"的话。女孩本来就脸皮薄，加上正在气头之上，听到这种话，怎能不更加生气？怎能不转身离开？

不管是在生活中还是工作中，掌握说话的尺度是非常重要的，如果我们掌握不好，欠了火候，说出来的话，就算是好话，也会因为阴差阳错而变成坏话，而这时，就需要我们掌握好说话的尺度，只有这样，我们才能及时避免话语中所能出现的疏漏。

我们劝解或者批评别人时，要有理有据，要找到一种能让对方接受的方式。只有这样，我们才能达到劝服别人的目的。

批评人时要心平气和，做到诚恳、认真、冷静、耐心，不能急躁，不能怨恨，更不能存心找麻烦。要使用一种温和的语言及有效祛除僵硬与冷淡的方式。当你心中愤怒、埋怨、焦虑，想责怪对方时，最好是先克制一下情绪，整理一下思绪，甚至可以先听听音乐，散散步，看会儿电视，等冷静下来后再进行批评。

在进行批评时，最好先适当地表扬对方，通过提及对方干得好，而使对方认为并非自己全都不对，从而改善气氛，以保护他们的自尊，使他们感到既愿意又有能力去改进。

现代社会，是一个人际关系复杂、社交活动频繁的社会，嘴巴厉害的人无论走到哪里都会受到欢迎。掌握好说话的“度”，即使我们是在批评人的时候，也能把批评的话说得动听，而且还可以让对方毫无怨言地接受，只有这样，我们才能走进对方的心，成功完成语言上的华丽转身。

人与人之间的沟通技巧

我们每个人都有属于自己的私人空间，不许别人涉足。我们和身边的人交往，就要学会保持距离，说话时，要先思考一下，权衡一下利弊，然后再说出来，这样，我们的话语才会变得更有针对性，才会更能打动人心。

知人知面不知心，人心是最难揣度的，这就需要我们不要触碰到别人的底线，只有这样，我们才能保持距离，和身边的人成为朋友。如果我们和朋友之间出现问题了，我们首先要做的就是自我批评。任何一件事情的发生都是两个人不懂得忍让，矛盾激化的结果，而越是如此，就越需要我们主动站出来，坦承自己的错误，只有这样，我们才能影响到对方，让双方和解。

在北宋太宗时期，曹翰因为得罪了太宗皇上，就被罚到汝州。在汝州的日子里，曹翰为了官复原职并且返回京城，每天冥思苦想，但是始终没有一个好的办法。一天，宫里派了个使者到汝州办事，曹翰发现这是一个十分难得的机会，他决定利用这个使者让自己返回京城。

曹翰想办法见到了使者，流着泪对他说："我的罪恶深重，就是死也赎不清，真不知如何才能报答皇上的不杀之恩。来到这里以后，我每天都在认真地反省自己的错误，将来有机会一定誓死报效朝廷"。

曹翰一边说一边哭，说着说着，他拿出了自己的几件衣服，他对使者说："我在这里服罪，只是家里人口太多，没有人去照顾他们，因为没有食物，他们都快活不下去了，这些都是我用不上的衣物，请您回去以后，帮忙抵押一些银两，交给我家里，让他们也好勉强糊口。"

使者回到宫里，向皇上如实汇报了情况。太宗打开曹翰的包袱一看，在几件衣服里面包有一幅画，画的题目是《下江南图》。这幅画画的是当年曹翰奉宋太祖旨意攻打南唐时候的情景。当时曹翰任先锋官，他作战时非常英勇，立下了不少战功。

太宗看到此画就想起了曹翰当年的功勋，一时心里感到非常难受。曹翰本来就是自己的得力战将，只因一时糊涂犯了错误，对他也实行了惩罚，现在应该知道悔过了。于是太宗怜悯之情油然而生，决定把曹翰召回京城。

曹翰先做自我批评，并因此成功地打动了太宗。如果想化解矛盾，想要明哲保身，或者想找人帮忙把事情办好，那么就必须先要从自己身上找原因，不要总是认为自己高高在上，摆出一副盛气凌人的样子，这样，不仅不能解决问题，还会把自己推向风口浪尖。

我们要做的就是要从人情上去考虑，没有人会愿意和一个趾高气扬的人打交道，我们想要得到真心，就应该先要付出真心，只有这样，才能让自己身边的朋友越来越多。

王勇和陈凤超是一家公司的同事，但是因为前段时间发生的一件事，他们两个人的关系闹得非常僵。当时，公司正准备给员工分一套房子，最后，王勇拿到了房子，而陈凤超却没拿到。事后，陈凤超就对王勇耿耿于怀，年终测评的时候，王勇的评分比去年低了很多。

王勇心里掂量了一下，他觉得这些事肯定与陈凤超有关系，他就想尽快把两人之间的关系调节好，这样才能在工作上争取主动，取得成绩。如果想要把两个人的关系搞好，最好的办法就是抓住机会，多关心陈凤超，让他放下和自己的芥蒂。

最近，王勇开始主动去了解陈凤超，王勇无意间听说，陈凤超家的孩子还有一年就要高考了，成绩却不怎么理想，如果请个家教的话，不仅费钱，而且还不知道有没有效果。

王勇得到这个消息后，觉得这是一个好机会。王勇以前做过家教，于是，王勇就主动和陈凤超说，自己抽空给他孩子补习。陈凤超刚开始还是没有放下两个人的隔阂，但是耐不住王勇的坚持，再加上孩子学习的事确实是陈凤超的一块心病，就同意了王勇的建议。

经过王勇几个月的补习，陈凤超孩子的学习成绩明显提高了很多。陈凤超非常高兴，对王勇越看越喜欢。在单位提拔人才的时候，陈凤超第一个站出来支持王勇。

我们与身边人保持距离，是因为我们每个人都有介怀心理，认为身边人对我们都是带有某种目的才会靠近我们的。但是，如果我们不接触，又怎么能了解这个人好坏呢？适当的距离可以为我们接触提供一个轻松愉悦的氛围，这样，我们的内心就能自然而然地放下防线，和对方进行交流了。

保持适当的距离是尊重的一种体现，我们每个人都希望有自己的独处空间，不希望别人涉及，是我们每个人都有交流的欲望，都希望交到一些真正的朋友，但这就需要我们将心比心地去做。

当两个人发生矛盾时，我们首先要做的不是去指责别人，更不是脸红脖子粗地和人去打架，而是先要自我批评，找到自己的错误，改正自己的错误，只有先做好自己，我们才有权去指责别人。金无足赤，人无完人。我们要做的就是多去了解别人，只有这样，我们才能在人生的舞台上展现出自己独特的魅力。

第十二章 ╱ 变中求变，化险为夷

人与人的沟通虽表面如平静的湖面，但它的下面也会有暗流涌动，我们在与人沟通时，会陷入僵局，更会陷入尴尬。这时，就需要我们及时调整，让思想变灵活，学会让话语拐弯，学会变通，而只有语言中这样的变中求变，才能让我们在各种突发状况下都能化险为夷。

思维转弯，前路变宽

我们要学会思考，让自己的思想学会拐弯，只有这样，我们才能听懂弦外之音，才能让自己思想转弯。

倾听别人说话时，不能对方说什么你就记着什么。别人随口一说，你就把他说的当成圣旨一样记在心里，这是非常不明智的。有的人从嘴里说出的话，一转身的功夫，连他自己都不记得了。其实这种话就是场面话，根本不能当真。

有句俗语讲“听话听音”，就是说要能够听得懂“弦外之音”。学会区分哪些话应该记在心里，哪些话应该左耳进右耳出。这样，才能成为一个明智的人。

战国时期，宋君偃想自己称王，一听说这件事，齐国就打算率领大军来攻打宋国。无奈之下，宋国只能派臧孙子到楚国求救。臧孙子心中惴惴不安，宋国弹丸之地，而齐国却是一代霸主，楚国怎么可能会为了一个小小的宋国而得罪齐国呢！

没想到见了楚王后，对方不假思索地就答应下来了。但是在回国的路上，臧孙子仍然高兴不起来，他认为这件事不会这么简单就能定下来。

看到大事已成而主人却一脸愁容，臧孙子的车夫不禁感到非常奇怪，就问他："楚国已经答应发兵援救了，您怎么还不高兴呢？"

臧孙子说："宋国是小国，而齐国和楚国都是大国。楚国怎么会为了一个小小的宋国而发兵攻打齐国呢？这件事肯定不会这么简单。我怎么能不担心呢？"

臧孙子继续说："楚国对这件事肯定别有用心，他表面上答应我们，是为了让我们坚定攻打齐国的信心。这样，或多或少都能削弱掉齐国的一些力量。到那时楚国如果再发动兵力攻打齐国就简单得多了。"

结果正如臧孙子所料，他回国之后等了好久，都不见楚国发兵。

臧孙子猜测的对，自己没有给楚国利益，楚国怎么会轻易发兵来救呢？对于宋国这样一个小国来讲，根本没有可以让楚王动心的地方。但楚王却一反常态，答应得如此爽快，明显就是想让臧孙子快点离开而说出的一些场面话。楚王知道如果直接拒绝援救，臧孙子肯定会滔滔不绝地说服他，但正是这些场面话反而让臧孙子感到楚国只是敷衍，根本不会出兵来救。

听懂弦外之音，才能找到应对的方法来应对。别人说完话之后，我们要多想一下，别人说的话中有没有隐藏含义，只有这样，我们才能找到对方的话题方向，然后再用自己最有力的话语进行反击。尤其是职场中经常与人打交道的人，他们往往能够从多方位读懂一个人的内心，尤其是职场中的面试官。

这一年，北京某互联网公司为了扩大经营，决定招聘一位销售部门经理。消息一传开，很多年轻人纷至沓来，毕竟这家公司的效益很好，在业界也有较高的知名度。

这天，人事主管又接待了几名应聘者。主管要求每个人轮流谈谈自己的社会关系。因为，销售靠的就是社会关系和口才，考官的这个问题是整个面试内容的核心，既考察社会关系，又考验口才。

一个高个子的男人先站了起来，得意扬扬地说："对于这一行，我是最有发言权的。不瞒大家说，我在这个行业里足足混了8年，早就摸清了其中的门路，可以说是手眼通天，朋友有的是，手机号多得电话本里存不下，只要我一句话，什么事都不在话下。"

高个子刚坐下，另一个人也站了起来，说："我的优点就是口才。你们知道吗？就是因为我能说会道，曾多次应邀出席业内论坛活动，即兴演讲大受欢迎，××名人对我评价非常高，我们俩还一起合影留念，简历的最后一页就是这张照片的复印件。"

这时，还有一个略微秃顶的中年人一直没有说话。考官示意轮到他了，中年人望着考官，平静地说："真是惭愧，我只干过两年推销员，口才也就一般。"

就在大家低声发笑之时，这个中年人从公文袋中拿出一叠资料，然后双手放在考官的桌前，认真地说：“但是，我非常热爱销售。这叠资料里有两样东西，一份是我对新工作的设想和计划方案，另一份是我在原公司的业绩报告，不是最好的，但在所有销售人员中也能排在前五名吧。”

当考官看完这些资料后，脸上突然露出了笑容。他这才知道，眼前的这个中年人，在业界早已赫赫有名，好多公司都争着要他，而他现在自动送上门，真是“踏破铁鞋无觅处，得来全不费工夫”！

考官又一次看了看之前的那些应聘者，心中不由升起厌恶。他们或是游手好闲，或是华而不实，或是狐假虎威，最多只能当销售员，经理的职位根本无法胜任！于是，他站了起来，与那个中年人热情地握手，然后说道：“祝贺你，你被录取了！”

这次面试中的那两个年轻人，无一例外都有一个特点：自信。然而，如果这份自信过了头，变成了自吹自擂，那么他的结果必将是惨遭失败。而反观那个中年人，他本身有很好的资本，却没有得意扬扬，甚至是炫耀的口吻来说，而是用事实说话，用实际的材料来证明自己的能力和责任感，稳重成熟的表现正适合考官心目中销售经理的形象，做到这样，这个中年人能够战胜两个竞争对手脱颖而出也就不足为怪了。

面试官善于听懂应聘者的弦外之音，进而因地制宜，从应聘者的话语背后去理解，这样才能找到真正适合自己公司的人才。

我们就更要如此了，不要单单考虑话语表面的意思，这样很容易让我们迷失，让我们被对方牵着鼻子走，多数时候，我们要做的就是学会分析，学会让自己的思想转弯，只有这样，我们才能读懂人心，才能发现对方的优缺点，进而做出最正确的判断。

沟通的技巧与智慧

交际过程中，我们经常会遇到这样或那样的尴尬场面。也许这份尴尬，并不是由你造成，但这正给了你展现口才的机会。一句话缓和尴尬的气氛，能够维护交际活动的正常进行，更能让别人对你刮目相看，使你迅速成为交际中的明星。

想要成功缓解尴尬，就要学会让思想转弯，当然，这也需要我们具体问题具体分析，只有这样，我们才能想他人所未想，说他人所未说，这样，我们卓越的口才才能在关键时刻展现出来。

很多人怕尴尬场面，因为在这样的场面，会让人感觉到手足无措，这就需要我们必须根据实际情况，灵活对待，因为只有这样，我们才能找到适合双方，适合情境的正确语言。

纪晓岚受命于乾隆皇帝，开始主编四库全书，每日都辛勤工作到很晚，乾隆也常去视察工作。

一日，纪晓岚因为前夜工作到深夜，因此起得很晚，慌慌张张进宫，见所有编者都已经正襟危坐，开始工作了。纪晓岚慌忙问身边人："老头子来过了？"

话音未落，只见乾隆已在眼前出现。因为皇上今天没有带随从人员，又是穿着便服，所以纪晓岚一时没有注意。皇上听见了纪晓岚的话，很不高兴，就大声质问：“‘老头子’三字作何解释?”

旁边的人见此情景都吓出一身冷汗。纪晓岚却从容不迫地跪在地上说：“万寿无疆叫作‘老’，顶天立地叫作‘头’，父天母地叫作‘子’。”

乾隆听了这个恭维自己的解释，立刻转怒为喜，不再追究了。

在不协调和欠协调的交际中，巧妙地运用自己的机智和口才，随机应变，可以化解矛盾和尴尬，帮助当事人走出困境。纪晓岚正是成功地运用曲意直解，将对乾隆有不尊敬意味的“老头子”三字，巧释为“万寿无疆”、“顶天立地”、“父天母地”，这样不但化险为夷，而且还变辱为恭。

在实际处理问题时，我们总是习惯性地按照常规思维去思考。但如果我们能像前人那样学会灵活变通，那么在你走投无路的时候，往往就会发现“柳暗花明又一村”。

应变的最终目的是使自己永远处于主动地位，驾驭事态发展，以实现既定目标。从这个意义上看来我们甚至可以说，智者便是能够随机应变的人，就是能够用独特的语言缓解当下局面的人。

魏雅婷今年已经25岁了，却很怀念当年的大学生活。于是，她在一个春节期间，邀请还在这座城市的大学同学们欢聚一堂，回忆当年的美好时光。

那天，许多同学都来了，大家见面之后分外亲热，聊得十分高兴。就在这时，一位男士也许是因为喝了些酒，跟一位女士开玩笑地说：“你当初可是主动追求我的，现在还想我吗?”

一般来说，在老同学聚会中，这样的话很常见，根本无伤大雅，当事人也不会在意。但是，这位女士由于某种原因心情不好，竟然脸色一变，气呼呼地说："你神经病！谁会追求你这种人。"

这位女士的声音很大，让所有同学都不敢说话了，场面一下子变得很尴尬。看到此，魏雅婷急忙走了过来，然后搂着那位女士，对大家说："呦，我们小妹的脾气还没变啊，她喜欢谁，就说谁是神经病，说得越厉害越让人受不了，就表明她越喜欢。小妹我说得对吧？"

一番话，让大家哈哈大笑了起来，之前的尴尬顿时烟消云散。大家都想起了大学时的美好生活，不由得七嘴八舌互相开起了玩笑。而刚才那个生气的女士，还主动找到了那位男士赔礼道歉。

魏雅婷很聪明，因为她知道，身在这种场合，批评哪一方都是不合适的，否则只能加剧矛盾的激化，更加破坏现场气氛。这时候最好的办法就是从善意的角度，对双方的语言作出"歪曲"的解释，故意把女士的话理解为是一种"喜欢"，引导大家一起回忆过去的好时光，之前尴尬立刻被大家忘记了。

缓解尴尬最主要的就是要求我们学会变通，要让自己的思想拥有一片澄净的天空。在关键时刻，勇敢站出来，只有这样，我们才能掌控局面。

在交际活动中，这样的局面很常见。交际的双方或第三者由于彼此言语之间造成误会，常常会说出一些让别人感到惊讶的话语，做出一些怪异的行为举止，从而导致尴尬和难堪场面的出现。为了缓解这种局面，我们可以采用故意"误会"的办法，装作不明白或故意不理睬他们言语行为的真实含义，从善意的角度来做出有利于化解尴尬局面的解释，即对该事件加以善意的曲解，将局面朝有利缓解的方向引导转化。

当然，善意的“曲解”并非一味地当“和事佬”，如果只说一句“算了算了”，虽然可以暂时缓解气氛，但却无法解开当事人心结。善意的“曲解”，最终的目的是弥补别人一时的疏忽，消解别人心中的误解和不快，保证人际交往的正常进行，因而是一种很有效也很有必要的交际手段。

人际交往中，尴尬是头等大忌，它会让人坐立难安，甚至后悔这次相聚。为了避免这种情况，我们一定要反应敏捷，第一时间打破尴尬，哪怕是一个笑话，也要让大家的情绪放松下来。只有这样，交流才能继续，交流才能圆满。

进退之间，方显智慧

一句话说好了可以化干戈为玉帛，说不好就可能变亲友为仇人，一句话可以功败垂成，一句话更可以改变人生。可见，嘴巴上的功夫与人生密切相关，与成功关系重大。会说话的人，懂得迂回委婉，懂得以退为进。

以退为进就是要求我们变换思维，因为只有学会退让，我们才能看到更广阔的天空。如果只是一味前进，只会让我们错过最好的机会。古人曾说：“不谋全局者，不足以谋一城；不谋长远者，不足以谋一时。”

以退为进的表达方式，实际上是明谋善略者通过暂时的让步，最后达到目的的一种手段。我们在与人交流时，说话要给自己留有回旋的余地，要懂得必要时退一步，等待时机。有退才有进，“卷土重来”一定会有新天地，这才是舌头所能展现出的绝高境界。

唐太宗李世民通过玄武门之变夺得了帝位。登基之后，李世民册立长孙氏为自己的皇后。

长孙氏素来有贤淑懂事的美名，她知道自己当上皇后之后就是“国母”了，地位变了，就更应该注意自己的言行举止，不能在自己这儿丢了皇室的脸面。为此，长孙氏愈发严格要求自己，为其他嫔妃们树立榜样。

皇后为后宫之主，而长孙氏并没有因为大权在握而为所欲为，反而待人愈发和善，生活愈发简朴，除了宫中发放的物品，她别无所求。

后来，长孙氏的儿子承乾被立为太子。有好几次，太子的乳母对长孙氏的清苦生活看不下去了，常常劝长孙氏增加些自己宫里的用度，以便树立皇后的威仪。

长孙氏却不认同太子乳母的看法。她说：“身为皇后，就不能搞特殊化。现在承乾刚立为太子，正是德行考察的关键阶段，我们怎么能因为自己的私事而影响承乾的前途呢?”

后宫干预政事是朝廷中的大忌。长孙氏深知这一点，便从不在李世民面前谈起军国大事。有时候，就算是李世民出于尊重找她商量政事，长孙氏也只是用沉默来表明自己绝不干政的立场。

有一次，李世民想任命长孙氏的哥哥长孙无忌为左武大将军、吏部尚书、右仆射。这是宰相一级的大官，权力在握。这次，长孙氏不再沉默了。她力劝李世民收回这道任命。李世民没有听取她的意见，任命了长孙无忌。

长孙氏见李世民执意如此，就转而去做长孙无忌的思想工作，让他上书请辞。无奈之下，李世民只得重新任命长孙无忌为开府仪同三司。这是一个只有名位没有实权的官职，长孙氏这才放下心来。

长孙氏知道月满则亏的道理，时时懂得谦让之礼。不让自己处在风口浪尖，给自己留下余地。这样就不会招致祸害，更不会在关键时刻进退维谷，无法抽身。同时，长孙氏不仅严格要求自己，对哥哥也是修律甚严。这样不仅保全了自己，更赢得了天下人的尊重，体现了长孙氏深富智慧的为人处世之道。

想要自保，想要说服别人，就要学会迂回战术，只有这样，我们说出的话语才会有力度，才会直指人心。

一次，在费城举行宪法会议，会议中分为赞成派和反对派，讨论非常激烈。

就在会议谈判即将破裂的时候，持赞成意见的富兰克林适时地站了出来，他不慌不忙地对人们说："事实上，我对这个宪法也并非完全赞成。"富兰克林此话一出，会议纷乱的场面立即停止了，反对派人士都用怀疑的眼光看着富兰克林。富兰克林停了一会儿，继续说道："对这个宪法，我并没有信心，出席本会议的各位代表，也许对于细则还有些异议，不瞒各位，我此时也和你们一样，对这个宪法是否正确抱有怀疑的态度，我就是在这种心境下来签署宪法的……"经他这么一说，反对派激动和不信任的态度终于平静下来，他们反而想让时间来验证一下它是否正确。这样，美国的宪法最后终于顺利通过了。

对同一件事情，如果你一味地强调好的一面，那对方就会对你所说的话，存有不信任的潜在心理。此时不妨采用人类潜在心理的“别扭心态”，采取以退为进的方法来获得对方的信任。上面讲到的富兰克林就是利用了这个技巧，先说了一些对自己不利的话，反而使对方产生了信任感，再顺势达到自己的目的。

除了在劝说别人的时候我们可以使用以退为进的语言策略，我们在与人合作时也可以使用这一手段。在与他人合作时，为了达到目的，最好的办法就是退一步，先在心理上满足对方。以退为进，巧获他人赞同，这样会比较容易达到办事的效果。

生活中，我们常常见到这样一种人：他们在与人商谈时，一上来就攻势凌厉、咄咄逼人，拿出一副压倒一切的气概。这样，对方一般不会买账，即使口头上说“服”，心里还是不服气，所以，以退为进的办法还是比较可用的。“退”是策略，“进”才是目的。

凡事退一步，生命不退步。“处世让一步为高，退步即进步的根本。”凡事均有长有短、有阴有阳、有圆有缺、有利有弊、有胜有败，更何况是千变万化的人生！成功通常皆是成于最有耐心、耐力、耐烦者，即最能忍耐、最有耐心的人，是比较容易成功的人。

以退为进，是最高超的说话艺术。一个人会做事，不如会做人。当然，最好是又懂做事，又懂做人，那好事通常都自做了；而要是只会做人，不会做事，那往往就是干不好事。办一件事，往往要通过许多人，不通过人便不能成事，人事是所有事情中最难办的事。有时候，想办成一件事，得要迂回曲折，得要以退为进。做人同做事一样，有时候也是要以退为进的，退却是为了更好地前进。

随机应变，化尴尬为精彩

古话说得好："不如意事常八九，可与人言无二三。"人生没有什么事是一帆风顺的，随时都有突发事件光临。人生每时每刻都是现场直播，我们要做的就是学会调整心态，只有这样，我们才能随时保持警觉性，当问题发生时，我们才能尽全力去解决。

人生不是一成不变的，这就需要我们每时每刻都要有危机意识，只有这样，当危机发生的时候，我们才能全力做好自己，不让自己陷入水深火热之中。如果我们没有准备，只会满头大汗，手足无措，这样我们只会被突发事件所左右，无法展现自己口才的魅力。

尤其是一些演讲者，在演讲过程中，每时每刻都要面对突然而来的意外情况，这就要求演讲者一定要有心理准备，做到处变不惊、应变自如，用这种方法使自己摆脱困境，避免尴尬的场面出现。例如，当遇到"撞车"现象时，你就应当及时调整演讲稿，使自己的观点略加变化，更加新颖。如果有人引用同样的名言或事例，或如前面提到的相同的语句，就应尽快换一个或是舍弃不用，以避免雷同，影响听众对自己的看法。

小丁是一名中文系大学生，参加了学校举办的演讲大赛。这次演讲，主题是歌颂祖国大好河山。小丁讲稿的开篇第一句话，引用了歌曲《大中国》

中的一句“我们都有一个家，名字叫中国”。

然而，等比赛开始时，小丁却被突发状况打得措手不及。原来，在他前面的一位演讲者，竟然也用了同样的语言！

一下子，在后台的小丁满头是汗，不知怎样是好。如果临时改词，和下面的内容衔接不上，时间又很短，一时间又难以想出什么别的词来，这可怎么办呢？

容不得小丁多想，已经轮到他上台了。这时，他灵机一动，想出了对策。他从容地走上台，开始了自己的演讲：“前面的那位同学刚才提到了一首歌，歌中唱道，‘我们都有一个家，名字叫中国’……”

接下来的演讲内容，小丁发挥得非常出色，赢得了阵阵掌声，最后取得了演讲比赛的冠军！而评委们在点评时，也做出了这样的评论：“与其他同学相比，丁同学没有照本宣科，不是一味地依照演讲稿，而是加入了临场发挥的成分。就这一点来看，他的演讲是非常成功的！”

小丁听完点评，畅快地吐了口气。他很庆幸，自己的随机应变，帮了自己很大的忙！

小丁的方法，就是我们学习的榜样。保持冷静，巧妙利用上一位演讲者的语句，这就能让你摆脱尴尬。演讲不同于平常聊天，我们调整的速度一定要快，尽量做到一句话解决问题，否则，“吭哧吭哧”地解释，只会让听众感到反感。观众的冷漠与不满，就预示着你演讲的失败。

不仅是“撞车”，演讲中的突发事件还有很多，例如忘词，这是不少初次登演讲台的人经常犯的错误。的确，演讲者要面对成百上千的听众，紧张在所难免，一看到台下的听众就开始冒汗，说起话来声音发颤。紧张造成的一个常见的结果就是忘词，讲着讲着，就把下面的词给忘了，感觉词儿好像就在嘴边儿上，却说什么也想不起来。

面对这样的情形，很多演讲者往往都表现出了“短路”，愣在原地不知如何是好，更有甚者抓耳挠腮、不知所措。

其实，忘词是演讲中非常正常的事情，即使那些演讲专家，也会出现这样的情况。但是，他们却懂得如何巧妙应对。首先不要太急，稳住心神，更不能有抓耳挠腮等有损风度的小动作。

接下来，你就要开动脑筋，继续讲述自己的话题，说得通俗一点儿就是往下“编词儿”。一般说来，忘了台词在台上很难想起来，所以只能另择词汇，顺着你的意思把它接下去，直到你记起下面的词来。例如，当你要讲述见习工作经验时，你却忘了要说什么，这时候就不妨“编造”：“实习期间，我获得了很多收获，这不仅有工作上的，更有‘人情’上的。”这样一句过渡，你就能想起原本的演讲内容，远比呆呆地愣在台上要好许多。

演讲台上的突发情况还有很多，这都要求我们沉着冷静，用一句话摆脱尴尬。对于一些大会场，例如学校礼堂、全市表彰大会，由于听众较多，所以很有可能出现混乱的局面。这个时候，演讲者一定要善于以特殊的方式吸引听众的注意力，使会场平静下来。

北京某大学正在举行演讲比赛，但是头几位上场的同学，却都有这样或那样的失误，结果让听众听得很乏味，打不起兴致，在台下交头接耳地议论。甚至，一些同学还起身离开，一时间场面十分混乱。

就在这个时候，一个演讲者走上台。他显得不卑不亢，先向听众鞠了一个躬，接着拿起麦克风，大声地说道：“大家好！我叫××，我的演讲的题目是xxx。”因为几位选手的开场白都很相似，所以他也没引起听众的什么兴趣，依旧在下面议论。

不过，这位演讲者接下来的话，却令大家大吃一惊：“看到同学们很热情，我很高兴。也许大家有什么需要讨论，那么我等大家结束后再开始。”说完，他面带微笑，出神地盯住台下的一位评委，一动不动。

听众们一时惊讶了，纷纷停住嘴，看着台上的他。这时候，礼堂里安静下来了，演讲者这才收回目光，开始自己的演讲。很自然地，他赢得了最热烈的掌声。

无独有偶，有一年，达尔文正在进行演讲。突然，一个年轻漂亮的女士站了起来，她有些高傲，话里透出了嘲讽：“照你的理论，人类是由猴子变来的。这理论用到你身上，还是很可信的，难道我也属于您的论断之列吗?”

一下子，全场听众都笑了起来。达尔文自然明白，这位女士是要让自己出丑，但是他并没有慌张，而是说：“那当然了。不过您不是由普通的猴子变来的，而是由长得非常漂亮的猴子变来的。”

话音刚落，全场爆发出了热烈的掌声。而那个女士，也满脸通红地坐下了。

演讲中会遇到各种各样的情况，这就要求我们有灵活的头脑和不断变化的思维能力。面对各种情况，演讲者千万不要置之不理，否则听众会以为你在“摆谱”。你必须回答提问者的问题，但必须干净利落，言简意赅，以含蓄深刻、精短有力的回答，体现演讲者非凡的智慧和应变能力。

演讲是我们口才的一种展现，而应对突发状况，体现出的就是我们话语中“拐”的特性。演讲能力是考核口才的重要标准，而如何应对演讲时的突发事件，更是演讲能力的核心。这就要求我们必须提高应变能力，对于突发事件可以轻松化解，一句话让自己、让听众平静下来，这样你才能成为真正的口才大师。

学会变通，让思想拐个弯

借题发挥，是转移话题的一种，而这正是我们口才上的功力，能够在原有话题的基础上，发挥自己的想象能力，错开冲突，避开锋芒，产生移花接木的功效，让对方所有尖锐的问题都像是击在了空处。

借题发挥是最能展示一个人口才的。在日常生活中，我们难免遇到各种各样的意外情况，这些意外情况常常会让我们陷入相当不利的境地当中。更何况在这些时候，我们很难得到深思熟虑的机会，因此，快速地做出反应，或随机应变，或借题发挥，用你的巧言妙语使自己脱离窘境甚至反败为胜，就非常考验人的口才了。即兴的说话总是很难的．但同时，即兴的说话也是最容易出彩的。

清朝巨贾胡雪岩作为“红顶商人”在当时就非常有名，上至达官贵人，下至平民百姓，几乎没有他经营不到的生意。

一次，胡雪岩的好朋友王有龄受到抚台黄宗汉的赞赏，领了一个催运漕米的任务。虽然运送漕米是一个肥差，但是当年浙江闹了旱灾，四下青黄不接，根本征收不上钱粮。王有龄接受任务后，改变了运送漕米的交通路线，由河运改成了海运，先由浙江运到上海，再由上海运到京城。现任藩司因觉得此事很有可能受累不讨好，甚至还会有杀身之祸，就把漕运的事一股脑儿全都推给王有龄了。

漕米是百姓上交给朝廷的公粮，每年都必须保质保量地运到京城。如果完成不了这项任务，王有龄的身家性命也就不保了。现在漕米欠账太多，而且由河运变成了海运，让很多人没了饭碗，没有人愿意出力。时间就这样一点一点地过去了，眼看就要到了最后的期限。

王有龄非常着急，于是就请好朋友胡雪岩前来帮忙。胡雪岩为他想出了一个计策：既然运不过去，那就在上海买米，缺多少就买多少。全天下的米都一样，根本没有什么差别，差多少就买多少。这样就不用海运了，问题自然也就迎刃而解了。

按照胡雪岩的办法，王有龄不仅圆满完成了这次漕粮运送的任务，而且还收获到了丰厚的利益。事后，王有龄就觉得自己离不开胡雪岩，便跟他说："咱们兄弟俩携手打天下，还有什么事办不成吗？"

胡雪岩听了这话，就顺水推舟地说："现在我们如果立个门户，开一家钱庄，肯定能赚钱。时下战争频发，正是我们开钱庄的好机会。"

开张营业时，胡雪岩大力宣传，为钱庄造了很好的声势。再加上他井井有条的管理，一时间生意热热闹闹。

说话是一门艺术。我们总是习惯性地按照常规思维去思考，如果我们能像胡雪岩那样，说话懂得灵活变通，那么其实很多所谓的"难题"也就迎刃而解了。其实，任何问题的解决都需要我们在思想上转个弯，而只有这样，我们才能把问题简单化，让自己摆脱掉别人的刁钻苛责。

借题发挥，就是要求我们有敏锐的思维，能够在原有的基础上加上自己的理解能力，这样，我们才能不断从实践中汲取经验，让自己变得更加强大。一个人的口才是需要不断锻炼才能成长的，学会变通，让思想拐个弯，只有这样，我们才能变成一个弹簧，能屈能伸，而这正是我们取得成功的重要保证。

有一天，陈杰打算向某公司的总经理推销一份保险。

陈杰有一个习惯，在拜访一个客户之前，一定会对对方做一番严谨周密的调查。根据调查显示，这位总经理是个以自我为中心的人，脾气很怪，很暴躁，而且没什么嗜好。

对于推销员来说，这样的人是所有性格的人里最难缠的一种。

来到客户的公司，陈杰向前台小姐自报家门："你好，我是陈杰，已经跟贵公司的总经理约好了，麻烦你通知一声。"

"好的，请等一下。"

接着，陈杰被带到总经理室，总经理正在埋头看文件。过了一会儿，他终于抬起头，看了陈杰一眼，但却没理他，继续低下头看文件。

就在眼光接触的那一瞬间，陈杰心里有一种说不出的难受。他分明感受到了对方的冷漠，对方是想用这种方法叫他知难而退。

面对这样尴尬的场面，陈杰忽然大声地说："总经理，你好，我是陈杰，今天打扰你了，我改天再来拜访。"

总经理愣住了。

“你说什么?”

“我告辞了，再见。”

陈杰的反应显然出乎总经理的预料。

陈杰站在门口，转身说：“是这样的，刚才我对前台小姐说给我一分钟的时间，让我拜访总经理并向您问好，如今目的已经达到，我可以告辞了，谢谢您，改天我会再来拜访您。再见。”说着，陈杰转身走出了经理室。

第三天，陈杰又硬着头皮去做第二次的拜访。

“嘿，你又来啦，前几天怎么一来就走了呢?你这个人蛮有趣的。”

“啊，那天给您添麻烦了，真是不好意思……”

“请坐，不要客气。”

接下来的谈话很顺利，客户买了陈杰的保险。

在尴尬的场面中，陈杰能够随机应变是很明智的。正因为如此，才让一个高傲自大的总经理感觉他与别的推销员不同，对他产生了兴趣。因此在第二次拜访时，很容易就达到了目的。

著名成功学家卡耐基曾经说过：“掌握神奇机智的语言应变技巧，无论是对演讲还是对于谈判来说，都具有重要的作用。”一个人在演说或表达技巧上必须口齿伶俐，具备既快又清楚的表达能力，但最重要的是要有灵活应变的能力。因为受说话中的潜在内容和听话人的种种反应等诸多因素的制约，在很多情况下，不能完全按预定的想法一口气把话说完。因此，在说话的过程中，应根据具体情况随机应变。

在现实生活当中，经常会遇到因说错话而陷入尴尬困境的情况，这或多或少会给人际交往带来负面的影响，但这样的情况是可遇不可求的，如果我们继续错误下去，就会白白浪费一次属于自己的机会。我们只有在错误中找到对的，找到说服别人的方法，这样，我们的口才才能不断得到锻炼，才能成长，成就一番属于自己的非凡梦想。

第十三章 ／ 淡化误解是一种境界

金无足赤，人无完人。人与人沟通时，也会产生误会，这就需要我们找到误解产生的原因，用自己语言上的能力来淡化误解，直至消除。也只有这样，我们的话语才能在一次次的沟通中不断成长壮大，直至趋于完美。

忍让是一种美德

我们常说，病从口入，祸从口出。说话的时候，我们很有可能会出现歧义，让别人误解，这就要求我们学会退后，让自己说错的话语在脑海里沉淀一下，然后想想让误解消失的方法。顺着对方的思路说，慢慢把对方带到自己的思路中。

被误解是人之常情，毕竟，我们从嘴中说出的话语是我们内心的表达，而对方又不是我们肚子里的蛔虫，无法知道我们话语中所要表达的正确思想。误解产生之后，就需要我们适当忍让，然后再去用简单易懂的语言来阐述出自己的思想，这样，对方的误解才会消除，我们的思想才会走进对方的内心。

韩岩是一家汽车维修公司的老板，但是效益却一直都不好，这让他很是苦恼。为了找到答案，这天他悄悄地跟着自己的员工小郑，准备看看他是如何与客户沟通的。

小郑从公司出来，来到了一家咖啡馆，一位有意向的客户正在等他。与那位客户见面后，小郑说："王先生，贵厂的情况我已经分析过了。我发现你们自己维修花的钱，比雇佣我们干还要多，是这样吗?那么你为什么不找我们呢?"

王先生点了点头，说："对，确实是这样，我也认为我们自己干不太划算。不过，我承认你们的服务不错，但你们毕竟缺乏电子方面的……"

听到这里，小郑打断了他的话，急忙解释道："王先生，请您允许我解释一下。我想说，任何人都不是天才，修理汽车需要特殊的设备和材料，比如真空泵、钻孔机、曲轴……"

王先生没有生气，心平气和地说："你说的有道理。但是，你误解了我的意思，我想说的是……"

"我知道，我明白你的意思。"还没等王先生说完，小郑又一次打断了他，"可是，就算您的部下绝顶聪明，也不能在没有专用设备的条件下干出有水平的活儿来……"

看到小郑几次三番打断自己，王先生不免有些生气了，冷冰冰地说："你能让我把话说完吗？你还没有弄清我的意思，现在我们负责维修的伙计是……"

"王先生，你想说什么我都知道，"小郑没有发现对方的不满，只顾自己地说道，"现在等一下，王先生，请你给我一分钟，我只说一句话，如果您认为……”

终于，王先生忍无可忍了，他站起来狠狠地拍了下桌子，吼道：“行了！别说了！你现在可以走了，以后你也不要联系我了。”

躲在远处的韩岩看到这一切，不由得满脸通红。回到公司，他批评了小郑一顿，并亲自拜访王先生，做了许多工作，希望能够消除王先生的误会。

韩岩主动向王先生赔不是，并且主动听取王先生的建议，尽量消除王先生的误解，让双方的合作得以继续进行。

几次三番打断王先生的述说，这正是小郑失败的关键原因，更是推销过程中最大的禁忌。所以，面对消费者时，要学会忍让，这是每个推销员都应掌握的。因为退让可以消除误解，可以让我们站在对方的角度去思考，说出让对方能够坦然接受的话语，只有这样，双方才能相互理解，展现出交流沟通中最美好的一面。

往前一步是黄昏，退后一步是人生。适当的时候，学会退让就是成功。说话也是如此，当你希望把自己的思想传达给别人的时候，就应该学会忍让，做事说话都要留一线，只有如此，我们才能让话语的魅力持续得更加长久。

张谦和王雪是青梅竹马的恋人，学生时代的两个人都很好强，当时的张谦眼中只有学业和爱情，并没有感受到多大的压力。王雪发火的时候，张谦总是习惯性地温柔劝解，忍让着王雪。

张谦和王雪大学毕业之后就结婚了，从大学到工作，张谦和王雪都完成了人生的转变，有了自己的家庭，两个人感觉自己肩上的担子又重了。

王雪每天仍然会有不愉快，每天都会为了一些鸡毛蒜皮的小事和张谦争吵。张谦初入职场，工作的压力铺天盖地地压到了他的身上，这已经达到了张谦的心理极限，再加上王雪每天的牢骚，这让张谦实在是不能忍受。

人都有个忍耐的限度，对待王雪的牢骚，张谦就再也没有往日的温柔细语，取而代之的却是无情地反驳。

几个月之后，他们之间的矛盾更加激化，两个人谁都不愿让步，最终，两个人选择了离婚。

俄罗斯著名心理学家凯琳娜·穆尔塔扎洛娃说："女人对男人有很多误解，如男人就应该主动一点；男人喜欢口无遮拦和直率的女人；你对男人越糟糕，他对你就越好。其实，恰恰相反……"爱情就是需要双方的相互体谅，不要无缘无故发火，这样只会让对方无所适从。生活中的人每天都要背负众多压力，谁都想回到家中卸下一天的疲惫，如果连这点要求都满足不了，只会让爱情支离破碎。

被别人误解是我们身边经常会发生的事，这就要求我们要摆正心态，不要因为别人一时的误解，就否定自己，否定别人，这样只会让我们变得怯懦，变得不敢说。出现误解，就说明我们说的话有歧义，就需要我们改正，只有敢说，多说，我们的口才才会取得长足的进步。

换位思考，与人为善

无论是在职场上还是在生活中，我们都难免会遭到别人的“炮火攻击”。无论你是真的做错了事，还是别人误解了你，都需要你用自己的巧言妙语来让自己转危为安。

事实上，别人冲你发脾气也不完全是一件坏事。要知道，别人的事比你多得多，别人能在“百忙之中”抽出时间来对你发火，说明你在他的心中还是有一定位置的。如果别人根本就不在乎你，那他才懒得对你发脾气呢。别人对你发火，尽管不是什么好事，但也别把事情看得太糟糕。挨了“炮轰”不可怕，重要的是这些“炮轰”你打算怎么去挨，怎么去给别人“灭火”。如果话说得巧妙，火灭得彻底，那么被“炮轰”带来的不良后果自然消失于无形。

“春秋五霸”之一的晋文公在一次用餐时，发现厨官献来的烤肉上缠着一根头发。文公叫来厨官，大声责骂他说：“你存心想让我吃不下去吗？为什么烤肉里有头发?”

厨官磕了两个响头，拜了两拜，恭恭敬敬地说：“小臣犯了三条死罪：我找来细磨刀、石磨刀，刀磨得像宝剑那样锋利，可以把肉轻松切开，可是却没把粘在肉上的头发切断，这是小臣的第一条罪状；拿木棍穿上肉块却没有发现头发，这是小臣的第二条罪状；炉子里的炭火烧得通红，把肉烤得稀烂，可是头发竟然没有烧焦，这是小臣的第三条罪状。”

文公说：“你讲得有道理，但这头发究竟从何而来呢？”

厨官说：“君王的厅堂里莫非有怀恨小臣的人吗？”

文公立刻叫来厅堂外的侍从责问，果然发现厨官是被人诬陷的。

在这个历史故事中，无辜的厨官被晋文公抓到“过错”——一根不应该出现的头发，结果惹得晋文公大发雷霆。这时候，如果他只是一味地为自己申辩“臣实无罪”，那么盛怒之下的晋文公或许不等他说完就已经把他给杀了。然而，厨官却聪明地用自己的巧言妙语救了他自己。

面对晋文公的怒火，厨官做的第一件事是认错，他说“小臣犯了三条死罪”。这句话既维护了晋文公的尊严，同时也为自己赢得了继续说下去的机会。文公听了这句话会不由自主地生出好奇心：“我倒是想看看他会怎么编排自己的罪名。”接下来，厨官开始为自己辩护，有理有据有节，晋文公不是昏君，当然也就明白了厨官是被人诬陷的。

平时，如果我们在某些方面惹到了别人，使别人对我们发火，如果我们以为自己没错，往往就忍不住直接向别人解释事情的原委，有时甚至会和别人争辩起来。这时因在辩论中败北的人往往会恼羞成怒的，结果伤了两人之间的和气。

俗话说得好：“常在河边走，哪有不湿鞋。”特别是在职场中，人与人打交道，难免会因一时失言而让别人心里不舒服。一起工作的同事是身在职场的你每天接触最多的人。同事是我们每天工作中，低头不见抬头见的人，如此近距离的接触，难免会产生一些摩擦，因而也难免因为权力纷争、利益冲突或是其他各式各样的原因产生一些误会。

产生误会，我们的嘴就要变得甜一些，就要勤快一些，只有这样，我们才能消除隔膜，让两个人继续和好如初。我们也只有在相对比较和谐的环境当中，才有可能静下心来努力工作，把自己的事业推向成功的彼岸。

尹先生去外地出了半年公差，一回到公司，马上就赶着去问候以前提拔他，对他关怀有加的孙副经理。尹先生对过去孙副经理对自己的教导、帮助和大力支持反复地致谢，可是不知怎么搞的，孙副经理的反应似乎出奇地冷淡。

当尹先生正在纳闷的时候，他偶然听到了旁边两名路过的同事的谈话。

"……果然不出所料，这次真的把孙副经理提起来了。"

"什么孙副经理啊，以后要叫孙总经理喽！你可得记得改口啊，不然当心得罪人……"

尹先生恍然大悟："自己出了半年公差，结果公司里的人事有了变动，孙副经理成了孙总经理，可笑自己刚才还在一口一个孙副经理，人家能不给咱脸色看吗？说不定人家还以为咱是故意去讽刺他的呢！"

找到了原因的尹先生意识到自己失了言，但说错的话已经收不回来，怎么办？他想了想，马上返回到孙总经理的办公室，满脸歉意地说："孙总经理！真是恭喜您了！您也真是的，刚才也不告诉我一声。我出差半年多，消息难免不灵通。不过再怎么说，漏了您升官的消息，总是我的不是，真是对不起，这样吧，今晚您有时间吗？我请您吃饭，就算是给您赔不是了。"

孙总经理听到这番话也换上了笑脸，说道："也就是这两天的事，不知者无罪，你也不用有什么压力。小尹啊，咱们不是外人，就还跟以前一样。至于吃饭嘛，我这两天真是没有时间，改天吧，我请你，就算是给你接风了。”

尹先生的补救计划相当成功。先用油滑的语言恭维了孙总经理一番，再真诚地分析自己的失误，最后表示了由衷的歉意。像这样明白地把事情讲清楚，并把衷心的祝贺表达出来，自然也就化解了孙总经理心中的不快，这样一来，二人就自然会和好如初了。

在上司面前做错了事，单纯的道歉往往并不能够完全解决问题。因为道歉过后，上司可能只是原谅了你的错误行为，但心里毕竟留下了芥蒂。而如果能像尹先生这样，在做错了事之后及时巧妙地用一些优化的言语将事情化解于无形，上司很可能还会因为你在事件中表现出来的果决、机智和坦诚而对你青眼有加。这也许就是所谓的“因祸得福”了。

总而言之，我们总会遇到情绪化的人，当他们被情绪影响，斥责我们的时候，我们就要让自己的嘴巴甜一点，不要和对方针锋相对，只有这样，我们才能以柔克刚，真正化解对方为我们制造的危机。如果需要辩解，那就要好好调动你的智慧和口才，既要让别人不丢面子，又要避开别人对自己的攻击。

被误解的时候，我们不要钻牛角尖，最应该做的就是主动和对方交流，尽量用自己的口才化解误解，多去称赞对方，这样，两个人之间的芥蒂就自然会消失了。

及时沟通，消除误会

误会的破坏力实在非同小可。实际上，误会在日常生活中时有发生，但它本身的破坏力远远不及被搁置很久后所产生的危害。所以，及时消除误会就显得十分必要了。

不要拖泥带水，越是拖泥带水，误会就会越深，到最后，就会变得积重难返了。我们要做的就是勇敢面对误会，及时去消除误会，要在误会的萌芽阶段，把它消除掉，只有这样，我们才能沿着人生轨道继续前进。

我们每天都需要与人沟通，而不是冰封自己。不让误会持续太久，我们要做的就是抱着一个坦诚沟通的态度敞开心扉，误会的根结点终究会冰释。但若碍于情面以致无限蔓延，最终只能把原本直线沟通即可解决的简单问题变成复杂的乱麻，形成令人苦恼甚至追悔莫及的恶果。

从前，在美国乡村的一个小庄园里，住着一对年轻夫妇。新婚宴尔的娇溺，以及宁静安逸的生活，让他们很快就有了自己的孩子。但万分不幸的是，妻子生产时由于未能及时送往几十里地以外的医院，大出血而死。留下一个嗷嗷待哺的婴儿，和一个深爱妻子的丈夫。

为了把孩子养大成人，男人强迫自己从丧妻的悲痛中走出来。他每天更加努力地去工作，同时又忙于家事、照顾孩子。没多久，就感到分身乏术，筋疲力尽。

这时，一位好友给他送来一条世界名犬，说是稍加训练就能够听懂人话，还能帮着看看家。男人一时间也找不到再好的办法，便谢过朋友后留下了这条狗。可没想到，这狗的聪明竟超乎了他的想象：不到一个月，狗不仅能听懂他的召唤，而且还能照顾孩子，甚至咬着奶瓶喂奶给孩子喝。男人不禁大为欣喜。从此以后，他越来越信任这条狗，这条狗简直成了他们家中不可缺少的一员。

一年冬天，男人要去别的乡村办事，吩咐狗要照顾好孩子。途中遭遇特大暴风雪，当晚就留宿在朋友家里，没有赶回来。

第二天一早，当男人赶回家时，狗立即闻声出来迎接主人。他爱抚地摸摸狗的头，打开房门，眼前的景象让他惊呆了：屋子里到处是血，地上、床上。更可怕的是，孩子不见了！狗追在他的身边，不停地摇着尾巴，似乎想要急切地表达什么。

男人看到狗的两只眼睛里血丝满溢，嘴里也尽是血。他不禁由害怕转为一种愤怒：难道是狗因兽性大发而吃了孩子？盛怒之下，他拿起厨房的菜刀向狗的脑袋猛地一劈，狗应声倒在了血泊中。

这时，男人突然听见床下传来了孩子的哭声，他迅速趴在地上把孩子从床底下抱了出来。他看到孩子虽然浑身是血，但仔细检查下来，却没有一处伤痕。男人顿时感到更加奇怪。想起刚才狗着急地冲他摇尾巴的情景，男人赶忙跑到狗的尸体旁。

这次他再一看才发现，狗左腿上的一块肉没有了，伤口还在流血。男人顺着家里的血迹，在离房屋不到50米远的地方看到了一只狼，狼嘴里还咬着狗的一块肉。

男人瞬间明白了一切：原来是狗救了孩子！面对奄奄一息的狗，他不禁流下了悔恨的眼泪。

看到这个故事，我们不难发现，不仅人与人之间的误会会产生严重的后果，就连人与动物之间，也是如此。如果我们不及时消除误会，让误会不断滋长的话，等到恶果发生的时候，我们想要亡羊补牢，就会发现为时已晚。

战国时候，扁鹊见了蔡桓公四次，第一次说，“君有疾在腠理”；第二次说，“君之病在肌肤”；第三次则说，“君子病在肠胃”；最后，扁鹊说，“在骨髓，司命之所属，无奈何也。今在骨髓，臣是以无请也”。小病不治到病入膏肓，无药可治，是因为我们放任不管，而使其积重难返。误会也是如此，如果我们和身边人之间产生误会，不去努力排除的话，只会让我们与他人的误会越来越深。

有了误会不肯低头，相处的温度就如同被急速冷冻的美食，冰凉僵硬，色香味全无，实难入口。双方因为冷战而住进冰冷而狭小的“套房”，彼此间的感情很快就会被冻伤。隔夜茶难喝，入口即伤胃；隔夜气难咽，醒来便伤心。

关键是，有了误会就要及时解释清楚。毕竟，当误会只是小冰块的时候，只要稍有阳光一晒就能融解；可要是等到误会积成了大冰山，恐怕就真要等到全球变暖了。所以，不要把误会搁置太久，就是不把原本容易解决的问题扩大化、复杂化。这样，心灵间的那堵隔阂之墙就不会越垒越厚，再大的误会在坦诚珍惜的基础上都能冰释前嫌。

一天，郑老师正在办公室批改作业，这时，一个女孩跑了进来向她反映：昨天她爸爸作为生日礼物送给她的一支黑色派克钢笔不见了。

班会上，郑老师说出了此事。当她刚刚讲完，发现一个坐在那位女同学旁边的学生神色慌张，面色苍白。可想而知，钢笔十有八九就是她拿的。

郑老师犹豫着，是不是该当面指出。可是她明白，自己没有充分的证据，万一冤枉了人家，那多不好啊！她想了想，然后说道："别着急，肯定是哪位同学拿错了，黑色的钢笔实在太多，互相拿来拿去是经常发生的事。只要等会儿她看清楚了，一定会还给你的。"

果然，到了第二天，丢钢笔的女生找到郑老师，说自己的钢笔已经"自己飞回来了"。原来，正是那个被郑老师怀疑的女生在放学后，趁旁人不在，赶紧把钢笔放回到那位女同学的铅笔盒里去，而她也因为老师没有当众让她难堪而心存感激。

对待孩子一时所犯的过错，我们就应该表现出仁爱之心，只有这样，我们才能化解矛盾，感化心灵。记得一个朋友说过，不要瞧不起小孩子，他们是我们来时的路；不要瞧不起老人，他们是我们去时的路。

产生误会之后，我们要做的就是多去沟通，多去表达自己的情感，也许因为一番话语、一个举动，甚至是一个眼神，就可以让误会烟消云散。通常，误会多半是由于双方缺少了解、缺少耐心、乏于思考造成的；彼此各执立场而未能换位思考地去体谅对方。误会出现之后，人们总是习惯想到对方的犯错与否，认为自己受了委屈，如果我们总是这么想，等待我们的将会是误会背后无尽的深渊。

一个无情的误解，就会打乱我们前行的脚步。当彼此的心结一直横亘在两个人心中的时候，这就表明两个人已经失去了重新开始的机会。我们要相信，误会只是暂时的，只要我们学会体谅，就会把误会淡化，这样一来，再大的矛盾也会因为我们的体谅而烟消云散。

服软，定能“软”化人心

很多时候，道歉是一种“退让”策略，以“软”打动人心，达到以柔克刚，以退为进的目的。

我们每个人都会犯错，都会遭受到别人的误解，但是并不是每个人都能在矛盾出现的第一时间，及时认清自己，及时道歉，以此来化解人与人之间矛盾的。道歉是化解矛盾的第一步，如果我们和身边人发生矛盾时，并没有采取任何措施，这样，只会让矛盾逐渐“发展壮大”，长此下去，矛盾的“负面威力”就会显现出来。

道歉对于每个人来说都不会感到陌生，但是对于道歉的功效，恐怕就不是每个人都了解的了。如果你真的认为道歉仅仅是服软、认错的话，那你就太小瞧它了。事实上，一句道歉的话可以包含很多的含义，更能起到其他话语不能起到的功效。

几天前，小杨和女朋友为国庆结婚的事狠狠地吵了一架。小杨不小心碰碎了女友生日时自己送给她的塑像，结果女友气得直哭，蹲在地上捡起那些碎片，然后“回娘家”了。几天后，女友打来电话，说要分手。小杨一下傻了，连忙跑到女友家楼下向女友道歉：“对不起，我错了；我不是故意打碎那个塑像的，我错了，我舍不得你。”小杨的女友看到小杨“可怜巴巴”的样子，心一下子软了下来，而且还答应了国庆结婚的事。

生活中如此，职场中就更是如此了：

小周是广州很有名气的A广告公司的骨干。一天，公司的老总要他将一个项目可行性研究报告交给一家上海的客户。由于上海的那家客户和A公司是初次合作，所以小周并不了解上海的那家公司。

小周把报告发过去后，上海那家公司的联系人李某通过网络问了很多业内人士觉得很可笑的初级问题。当时小周就随口回了一句：“你刚入行吧。”结果李某认为小周在讥讽他，对小周破口大骂。对此，小周自然不干了，马上针锋相对，结果两人自然是不欢而散。

第二天，小周的老总知道这件事后，把小周找来问明了事情的始末。客观地讲，这件事的发生并不都怨小周，实际上李某的责任比小周还大。所以老总也没说小周什么，随即拨通了上海客户的电话，亲自向对方道歉：“……对不起，手底下的孩子办事情不周到，多有得罪，您大人有大量请您包涵……”

上海的客户知道这件事是自己不对，但是自己是买主，又是首次合作，面子摆在那里，怎能服软，所以打算取消与A公司的合作。这时候，电话响了，小周的老总亲自道歉来了。

对此，上海的客户感到很不好意思，明明错在自己，可是人家却主动道歉，所以感到很惭愧。同时，上海的客户也被A公司的合作诚意打动，当即决定扩大合作的规模。

当矛盾发生时，道歉可以起到软化人心的作用，就像小杨和小周的老总一样，对待矛盾和误解，先采取道歉的沟通方式，然后再用真诚的话语软化人心，这样，我们才能让沟通重新走入正常轨道。

当矛盾真正发生之后，不管谁对谁错，我们都应该先从自身找原因，先服软，说一些客气的话，只有这样，对方的情绪才会得到缓和，只有这样，我们才能让本来僵化的关系得到适当的缓和。

道歉的力量是巨大的。我们常说"退一步海阔天空"，其实，道歉就是"退一步"，只要肯道歉，多说些软话，这样一来，很多僵持不下的事情最后都能够得到圆满的解决。

道歉并不只是服软、认错这么简单，在很多时候，道歉既可以彰显自己的诚意，又可以向别人表明自己敢于承担责任。这样一来，道歉这句软话的作用就会被无限地放大。实际上，对于已经犯下的错误，拒不认账的结果是弊大于利。

大的错误之所以会出现，主要就是因为，我们任由小错出现而不加改正。很多事情，如果我们及时遏止，就会让问题迅速消失。我们都知道，防患胜于救灾，但是多数时候，问题还是因为我们的疏忽大意而出现，既然出现问题了，我们就应该学会接受，只有接受矛盾的现实，我们才能找到最好的办法，把问题解决掉。

做人就要有责任感，只有拥有责任感，我们的强大风范气场才能由内而外地散发出来。如果是鸡毛蒜皮的小错，那你就更不用顽固，顽固会在别人心目中造成更坏的印象。你敢做不敢当的印象形成后，别人就再也不敢与你合作了。但是如果敢于认错，甚至敢于把不属于自身的责任也揽过来的话，那么结果就会大不相同。

犯了错误勇敢站出来，向别人道歉，把责任揽过来，这样，才可以显示出你对双方关系的重视，同时也可以将主动权接过来。这样不仅可以弥补破裂了的关系，而且还可以增进感情。

此外，有时候主动地认错道歉还能堵住对方的嘴，因为你的道歉已经让对方心软了，更有甚者，一些原本不可行的事情会在你主动道歉之下变得可行。

里奇常带着他的波斯狗到公园中散步，按当地的规定，狗是要戴上口笼的。但里奇认为它是一只无害的小犬，所以总是不给它系上皮带或口笼。一天，里奇在公园中遇到了警察。警察对里奇说：“你不给那狗戴上口笼，也不用皮带系上，你不知道这是犯法的吗?”

“是的，我知道是犯法的，”里奇轻柔地回答说，“但我想它在这里不至于产生什么伤害。”

“法律可不管你怎么想。这次我可以放你过去，但如果我再在这里看见这狗不戴口笼，不系皮带，你就得去和法官讲话了。”里奇谦逊地应允了警察的命令。可没过几天，里奇就把警察的告诫忘掉了。然而要命的是，里奇和他没戴口笼和皮带的小狗再次遇到了那个警察。

这次，里奇没等警察开口，先主动承认了错误：“警官，你已当场把我抓住了，我没有托词、没有借口。你上星期警告我如果我再把没有戴口笼的狗带到这里，你就要罚我。”

警察见里奇这么说，口气就软了下来：“其实我知道，这样一只小狗是不会伤人的。”

“不，但它也许会伤害松鼠。”里奇说。

“哦，现在，我想你对这事太认真了，”警察说，“我告诉你怎样办，你只要让它跑过那土丘，使我看不见它——我们将这事忘却就算了。”

里奇的主动道歉，使对方觉得自己受到尊重，从而表现出宽容的态度。由此可见，当发现自己可能会被人指责时，不妨先数落自己一番，当对方发觉你已承认错误时，便不好意思再指责你了。

现实中，每个人都会犯错误，在说话办事过程中，与各式各样的人接触，难免会出现得罪人的时候，因此，人人都需要学会道歉的做人手段。诚挚的道歉不但可以拉近两个人的关系，还可以使彼此心灵上的沟通更和谐。

在日常生活和工作中，因自己的言行失当而打扰、影响别人，或者给别人造成精神上的伤害或物质上的损失时，最聪明的办法就是谦逊一点，向别人道歉，以消除恶感、挽回影响，避免伤害别人的感情，维持你们相互间的友好关系。我们只有把道歉的神效利用好，才能减少生活中的不愉快。只要我们能够真诚地道歉、服软，就一定能“软”化人心，为自己带来意想不到的收获。

第十四章 / 解铃还须系铃人

人们常说，病从口入，祸从口出。麻烦出现了，我们不应选择逃避，而是要保持冷静，学会分析麻烦产生的原因，然后再把说出去的麻烦说回来，只有这样，麻烦才会在我们的努力下消散于无形。

运用“迂回战术”

生活中，我们都不希望遇到麻烦，这就需要我们说话要含蓄迂回，而这才是避免麻烦出现的首要要素。很多时候，我们为了达到难度较大的目的，就不妨在说话的时候婉转一些。

诚然，在日常交往中，直言快语的人能使身边人感到他们的豪放爽朗，而这样的人往往是很受欢迎的。但有时候，直来直去的说话效果并不佳。有些话说得太直接了，会损害人际关系的和谐，给自己造成不必要的麻烦，甚至出现事与愿违的情况。对于这样的话语，如果能够含蓄地把自己的意思表达出来，往往就会让麻烦无所遁形，就能够取得较为理想的效果。

那是一个深秋的晚上，有几个年轻人去拜访张教授。他们谈得很投机，一直谈到夜深，张教授看时间太晚了，就说："你们提的这个问题很值得研究，明天我去外地参加一个学术会，准备就这个问题找几位专家一块聊聊。"几个年轻人听了教授的话，立刻起身告辞："很抱歉，不知道您明天还要出差，耽误您休息了。"

张教授要出差，想早点儿休息，但碍于情面，不好直言辞客。而接过对方话题一兜，即达到了辞客的目的，话语委婉得体而不失礼仪。如果直言明天出差，改日再谈，虽可以达到辞客的目的，但却易置对方于较为尴尬的处境，也有失教授慈祥和蔼的一面。

由此看来，迂回的说话艺术是我们与人交往过程中，必不可少的说话技巧，它能起到直言快语所不能起到的作用，更能让麻烦在不知不觉中消失。有些话不得不说，但是直接说出来又会叫别人难以接受，如果我们能够把话说得委婉一点、含蓄一点，这样别人就好接受多了，如此这般，我们既不得罪人，又表达出了自己的意思。

"迂回战术"可以让我们避免不必要的麻烦。有时候，我们有某些意见或者想法想要表达，但是如果直接挑明，一旦对方明确表示不同意，再要改变态度就困难多了。在这种情况下，为了强调事理，征服对方，就可把基本观点、结论性的话先藏在一边，而从有关的事物、道理、情感说起，待到事理通畅、明白，再稍加点拨，自能化难为易，达到说服对方的目的。

在一次重要的商务会谈结束后，李先生宴请客人王先生。出于对王先生的尊重，宴会上使用了极其珍贵的翡翠套杯。这种酒杯除做工精美、质量上乘外，整套杯子一共八只，形态各异相辅相成。王先生对杯子爱不释手，王先生的几个员工也对杯子赞不绝口。

酒过三巡，大家都已有了醉意。王先生的助手竟顺手将一只翡翠杯放进了他的公文包。王先生的助手的这一举动被刘秘书发现了，这让刘秘书感到很为难。因为整套翡翠杯的形态是互补的，如果少了一只的话，整套杯子就不完整了，所以应该把杯子讨回。但是如果直言的话，那么就太伤王先生的面子了。要知道，在生意场上，损害客户的面子可是大忌。这时候刘秘书思考了一会儿，然后站起来说道："我们李总对于能够和王总合作是十分高兴的，同时也对于我们的强强联合十分看重。私下里，我们李总曾要我为王总表演我的绝活儿，现在我就为王总表演一个我最拿手的魔术'隔空取物'吧。"刘秘书吩咐一番后，开始"表演了"。

只听刘秘书一拍手掌，屋子里的灯一下全灭了，刘秘书又拍了一下手掌，灯又亮起。这时大家注意到桌上的翡翠杯少了一只，正在大家感到惊讶的时候，只见刘秘书微笑着走到王先生的助手身边，彬彬有礼地说："我把一只翡翠杯变到您公文包里了!"那位助手没办法，只好取出翡翠杯。这时，宴会上掌声响起，王先生向刘秘书投来赞许和感激的目光。

刘秘书的这席话讲得就非常有水平，王先生是自己的客户，自己不能够直接说破王先生下属的做法，那样的话就会损害到王先生的颜面，势必会影响到生意。因此刘秘书借用变魔术为托词，委婉地把话表达了出来，既迫使王先生的下属不得不交出杯子，同时很好地维护了王先生的尊严。

"言有尽而意无穷，余意尽在不言中。"不说重要的、该说的部分，而是先说其他话题，就能让别人明白你的意思。当然，要正确运用这种艺术，还要善于分辨言语交际的具体情况。

总之，想要避免不必要的麻烦，就要学会分析别人的性格、地位，当时的情况等诸多因素。对方不可能立即答应自己的要求，在这个时候我们不能急躁，不妨采用迂回的说话策略。说话在人们的日常交往中常表现为一种策略性的智慧，能让你的交际变得圆通而简单。

电话沟通的技巧

很多人交流时，不是面对面的沟通，而是通过电话，因为不能面对面，就无法从对方神情和肢体语言中感受到对方的情绪，这样一来，就非常有可能让我们说的话出现问题，给我们惹来麻烦。

电话在日常工作中的重要性不言而喻，每一个身在职场的人都免不了要接听电话。电话沟通的特点就是针对性强、速度快、节省成本。但是，电话并非面对面的沟通，所以，它自然存在一些局限性，例如不能及时反馈信息。所以，为了让沟通效果更加明显，我们必须掌握电话中的说话技巧。

电话交流的第一个关键点，就在于迅速建立起沟通桥梁。下面这位保险推销员的语言，就值得我们学习：

保险推销员：“您好，请问是刘先生吗？”

客户：“是的。”

保险推销员：“我是××保险公司的寿险顾问林珊，刘先生您现在说话方便吗？”

客户：“可是我没有打算买保险呀？”

保险推销员：“是这样的，刘先生，我主要是想跟您约个时间，谈谈我们从国外引进的家庭财务保障计划，也就是尽最大努力分散客户在家庭财务方面的风险。同时，我也想与您分享一些有价值的观念供您参考。”

客户：“这对于我有什么意义呢？”

保险推销员：“这样的财务保障计划，我们曾经跟很多像您这样的专业人士谈过，他们都觉得很有帮助。”

客户：“我好像没有这方面的需要。”

保险推销员：“至于这个计划您是否需要，它是否能对您有帮助，您最好在谈过之后再做决定。我想跟您确认一下时间，您本周一比较方便，还是本周三比较方便？”

客户：“周三吧。”

保险推销员：“那周三您是上午10点方便，还是下午2点方便？”

客户：“下午2点好了。”

保险推销员：“去您的办公室吗？”

客户：“好吧。”

保险推销员：“那我周三下午2点准时到您的办公室，我也请您记下我的电话号码139××××，如果您临时有事，麻烦您事先通知我。”

这位保险推销员的每一句话，都让客户必须正面回答，这就将直接拒绝的概率降到最低。同时，最后的约见方式，也让客户只能“二选一”，而没有回避的可能，这就给进一步的工作提供了便利。

这样的沟通可以让我们减少麻烦，虽然我们和对方不能面对面的沟通，但是我们却能凭借自己谦和的话语打动对方，减少不必要的麻烦。电话沟通不仅便捷，而且免去了交通上花费的时间，只要我们用心去交流，处处站在对方角度考虑，尽力展现出口才优势，就能让对方和我们达成一致。

当然，有的时候我们的确会遇到很强硬的客户，这样的客户很麻烦，没说两句就要挂电话。这个时候，我们不妨学学销售之神原一平的说话方式：

有一次，原一平在电话里接洽一位客户，他对客户说：“喂，您是本田君吧?我是保险公司的原一平，昨晚我跟您的朋友山本在一起，他跟我谈到您，我们都觉得您相当够朋友，我希望有机会跟您见个面，认识认识。”

“您太客气了！我想山本是不会说我好话的，除非他喝醉了。我猜您是准备向我推销保险吧?”

“保险?您不一定需要啊！我只想跟您认识认识。您不晓得昨晚谈到您时，他对您可是非常尊敬啊！我们一起吃个午饭怎么样?”

“您别费心啦，我是不会买保险的。”

“这样吧，我保证不谈保险可以吧。山本觉得我们两人应该认识，他说我们一定会谈得很投机。”

“别胡扯啦!”

“本田君，也许您不知道，我很喜欢交朋友，并不是卖保险的人所交的朋友都是买保险的客户。我们碰个面，如果您觉得我这个人值得交，您再向您的好朋友推荐我。请您吃饭可不是一定要跟您谈保险，除非您自己愿意跟我谈，否则我们只是见个面，交个朋友。”

“不行，我下礼拜忙得很忙。”

“没关系，我们月底碰个面怎么样？您看周四好还是周五好呢？”

“喔，周五通常比较好，不过……”

“好吧，我们暂时先定周五好了，月底30号那天，就这么说定了。如果您有事，再打电话给我吧。真的，如果能跟您认识，实在是一件愉快的事。”

“好吧，暂时就这样定吧。”

原一平果然没有失信，他在约会中绝口不提保险的事，只和对方津津有味地谈他的生活，以及来东京的经过，他所受的教育、他的家庭和事业。整个约会过程被原一平安排得非常有趣。话题转到本田身上后不过20分钟时间，本田就把原一平当成老朋友了。

一开始，本田在电话中根本就不相信原一平，但由于原一平言语中吐露着诚恳，努力地邀约他，他最终放下防卫，答应了原一平的邀约。

诚恳的态度，再加上巧妙的说话技巧，电话做生意就会轻松许多。电话沟通的两个人是看不见的，这就使得我们可以尽情地发挥自己的能力，我们可以开头说一些有吸引力的话语，来吸引对方，或者是说一些比较有特点的事物，这样，我们才能调动起对方的情绪，让他们跟着我们走。

电话沟通，尽量要简单明了，这样才不会浪费彼此的时间。比如，电话沟通时，客户一旦无休无止、说个不停、愤怒不已时，推销员就要适当地加以控制。此时，你可以趁对方换气时说一些积极的话来接过话题，比如说“您对我们公司这么关注，真的很让我们感动”或“您的时间一定很宝贵，我想……”

此外，你还可以找机会引出一些轻松的话题，以缓解对方的愤怒情绪，同时也减轻自己的心理压力。当然，如果我们是跟朋友或者亲人电话沟通，就要说一些温暖的话，关心的话，这样才能避免不必要的麻烦，促进彼此之间的感情。

电话沟通有利也有弊，想要避免麻烦，就要认真分析，电话那头的是什么人，然后再投其所好，只有这样，对方才会认可我们，才会和我们站到同一条战线上。

批评也可以是甜的

“批评”，当这两个字出现在我们面前的时候，我们的本能反应就是严厉，就是斥责，但如此批评，不仅不能解决问题，反而会把问题加深，这就需要我们学会运用自己这个灵活的舌头。

我们身体上最发达的肌肉就是舌头，既然舌头如此发达，我们何不在舌头上多下些功夫呢？

很多口才了得的人在批评别人时，都会选择一种委婉的方式，而不是直来直去地批评。嘴上有真功夫的人，总是力求把批评说得委婉，委婉得简直让人感觉不到你是在批评他，即便是让别人感觉到自己挨批了，也能心悦诚服，欣然接受。这其中，委婉的批评方式起到了至关重要的效用。

在批评别人时，如果批评的语言能够委婉含蓄，能够顾及别人的颜面，那么它能给批评方和被批评方都带来相对平和的心态和较好的结果。反之，如果直来直去，甚是恶语相向，那不但会伤了和气，还有可能造成不必要的误解和分歧。

有一天，王主任对女打字员说："你打字的速度真是越来越快了。"那位打字员突然听到主任对她这样夸奖，受宠若惊，脸孔都红起来了。王主任接下去又说道："如果你今后打字的时候，对标点符号多注意一些就更好了。"

王主任如果不这么说，而直接对打字员说，叫她对标点符号要特别注意，她心里就会觉得今天受了上司的责备，并感到十分羞愧，也许为此会好几天都不愉快。她也许还要为自己辩护，说她自己是很小心的，因为原稿上有错误或是不太清楚的地方，所以她不能负这个错误的全部责任。这样一来，王主任的规劝不但未起到效果，说不定还会由此惹来一些麻烦。可见，委婉说出批评的话会更有益处。

所以我们在批评别人的时候，口气要尽量委婉。因为通常，被质问会给人产生一种不信任感，会把对方逼到敌对、自卫的死角。训斥会让人觉得自己低人一等，觉得自己被藐视、人格上受到污辱，会让人觉得压抑、反感。而口气温和、委婉，会使对方心理上产生内疚感，从而愉快地接受批评。因此批评时，态度要诚恳，语气要温和。得体的语调、表情或其他的身体语言，可以避免在彼此意见沟通时产生敌意。

一辆电车上人很多，而这时又上来一位抱小孩的妇女。于是售票员对乘客说：“哪位同志给这位抱小孩的女同志让个座?”但没想到她连喊两次，无人响应。

售票员站起来，用期待的目光看了看靠在窗口处的几位青年乘客，提高嗓音：“抱小孩的女同志，请您往里走，靠窗口坐的几位小伙子都想给您让座儿，可就是没看见您。”话音刚落，“呼啦”一声，几位小伙子都不约而同地站了起来让座。

这位女同志坐下之后，只顾喘气定神，忘记对让座的小伙子道谢，小青年面有冷色。售票员看在眼里，心里明白，她忙中偷闲，逗着小孩说：“小朋友，叔叔给你让个座儿，你还不快谢谢叔叔。”一语提醒了那位妇女，连忙拉着孩子说：“快，谢谢叔叔。”那位小青年听到小孩道谢时，脸色由冷变喜，连声说：“不客气。”

常言说，来而不往非礼也。就像上文案例中所遇到的问题一样，小伙子让座了，本来是一件好事，但是女同志却一句话都没有说，这样的做法，就会让做好事的人寒心，虽说做好事，不留名，但是我们也许要心灵上的慰藉。这时，通过售票员的帮助，女同志才幡然醒悟，主动称谢，让小伙子的表情瞬间发生了变化。

生活中，要理解人们的合理需要，爱护人的自尊心，只有这样才能把话说到别人心坎里去。如果不能根据交际对象的心理，选择恰当的语言形式，话一出口先挫伤他人的自尊心，必然引起对方的不快，甚至争吵。试想，售票员请人让座时说：“那么大小伙子一点也不自觉。”在劝女同志道谢时说：“别人给你让座，你也不知道说个谢。”后果会如何呢？

委婉的批评人也可以在批评中加一些安慰性质的语言，就像当初福楼拜批评莫泊桑那样：“你这首诗，句子虽然疙里疙瘩，像块牛蹄筋，不过我读过比这还坏的诗。这首诗就像这杯香槟酒，勉强还能喝下。”这个批评虽严厉，但有余地的给了对方一些安慰，眨眼间，我们口中的批评就容易让人接受多了。

说到委婉，就不得不提到间接这两个字，委婉的批评也自然离不开间接式地批评。这样的批评一般都采用借彼批此的方法声东击西，让被批评者有一个思考的余地。其特点是含蓄慰藉，不伤被批评者的自尊心。

委婉的批评是一门艺术，委婉的批评别人不仅要使别人认识错误，还要让人心服帖，不伤及人际关系。在现实中，人与人之间要的就是相互促进，这就要相互监督，及时指出缺点和不足。但忠言逆耳，批评别人时话不可直说，委婉一点，把批评的话说得好听一点，才会更好地帮助别人。

学会调节自己，更要学会调节别人

如果我们身边人总是发牢骚，我们就要多说一些鼓励的话语，让他明白，与其发牢骚，不如身体力行地去做。

生活中，我们多数时候都是情绪化的人。不管是遇事不顺，还是别人对我们不好，抑或是遇到了挫折……我们都会发牢骚，找借口，怪天气，怪运气，怪别人……但是这样，我们不仅无法把问题解决掉，更会让我们前行的道路越走越窄。这样的牢骚，不仅伤人，而且伤己，会产生比拳头更有杀伤力的后果。

发牢骚不仅无法解决问题，还会影响我们的心情，这样一来，我们的负面情绪就会高涨，就再也无法静下心来做事了。当身边人发牢骚的时候，我们就应该表示出理解，顺着对方的话说，让对方尽快从牢骚的深渊中抽身出来，而只有这样，我们才能让自己变得成熟，变得更有人缘。

我们一生中都会遇到各种各样的瓶颈，越是如此，就越需要我们做好自己，少发牢骚，因为发牢骚，只会让我们的舌头打结，只会自己打消自己的积极性。

路边有个小土坡，坡上住着很多蚂蚁，蚂蚁虽然很多，但是每窝蚂蚁的分工都很明确，有工蚁，这些蚂蚁是负责找食物的；有兵蚁，这些蚂蚁是用来作战的；有保育蚁，这些蚂蚁是负责照顾刚出生的小蚂蚁的。

冬天过去了，保育蚁非常忙碌，虽然工作很忙碌，但是每天都能收到很多工蚁送来的食物，保育蚁非常满足，觉得自己的付出有了回报。

夏天来了，蚂蚁的数量增多了，出生的幼蚁却少了，保育蚁的工作就清闲了许多，分配到的食物也就少了。保育蚁的心情开始变坏了，觉得自己食物少了，不是因为自己不够努力，而是因为自己工作太少了。自己以前为蚂蚁族作了那么多贡献，功劳簿上写得清清楚楚，但是现在，却是英雄无用武之地了。

有一只保育蚁无所事事就出去闲逛，遇见了另一窝的一只保育蚁，看到它非常开心，保育蚁非常奇怪，就问它："你怎么这么开心啊?"

"是啊！现在我很忙，每天能获得很多的食物，怎么能不开心呢?"

保育蚁非常羡慕，就说了自己的现状，感到非常痛苦。

那只保育蚁就劝它说："你别伤心，我也有过同样的经历。以前我也和你一样，分配的食物很少，但是土坡下面住着很多窝蚂蚁，我们经常会为了争夺地盘儿战斗，大量的食物都给了兵蚁，而我们分到的食物也很少。但是到了后来大家打来打去，都没有结果，就搬到土坡上面去了，没有了战争，我们分配到的食物也就自然多了。"

最后，保育蚁听了另外一只保育蚁的分析之后，决定继续努力工作，做好自己，它开始相信，做最好的自己，是金子，终究是会发光的。就这样，这只保育蚁走出了发牢骚的歧路，开始全身心地投入到工作中去了。

现实中，我们每个人总是把自己和别人去比较，正是因为这种比上不足，我们才会发牢骚，但是发牢骚只会让我们的消极情绪滋长，越是如此，我们就越危险。牢骚发过之后，我们就要自我激励，只有这样，我们才能化牢骚为力量，才能继续沿着成功的轨道前进。

多数时候，发牢骚会比拳头更有杀伤力，因为拳头只能伤害身体，而话语却能伤害我们内心，左右我们的情绪，会让我们失去奋斗下去的信心与激情。牢骚过多的人，不仅解决不了实际问题，反而会让自己心里的怨气越积越深，得不到释放。

当一个人牢骚太多，得不到释放的时候，我们最好先让他冷静下来，让他考虑清楚，然后再说一些鼓励性的话语，这样，对方才会在一个平心静气的环境中选择接受你的建议。

我们不能拿着放大镜看事情，也不能拿着放大镜看人，我们要学会不断地鼓励自己，用自己口中的话语来让自己从瓶颈中脱离出来，而只有这样，我们才能重新拾起信心，在人生长路上永远前进。

老王最近心里非常郁闷，工作繁重，不仅休息时间少，而且薪水也没见提高，他忍耐了好久，最终还是找总经理发牢骚去了。

找总经理之前，老王碰到了同事，非常生气地说："我们虽然是员工，但我们也是人啊，谁愿意每天都要加班啊，不仅加班没休息时间，而且连奖金也没有，你说这算什么事啊？不行，这口气我实在咽不下去，我一定要去找总经理理论理论！"

刚走到总经理办公室门前，老王就对总经理秘书说："我是老王，和总经理约好了的。"

秘书说："我知道，但是您来得真是不巧，刚才有个同事进去送快件了，您先等一下吧！"

于是，秘书就把老王带进了会客室，让老王坐下等会儿：“您是喝茶还是喝饮料？”

老王还是很气愤：“我什么都不喝！”

秘书说：“总经理交代了，如果您要喝茶，就会为你准备一壶上好的龙井。”

老王不厌其烦：“那就来杯茶吧！”

过了一会儿，秘书就把茶端了过来，还送上了一盘小点心：“您慢用，总经理马上就出来了。”

老王接过茶，愣了一会儿：“我是老王，只是一名工友，你没记错吧？”老王不敢相信，总经理竟然会让他喝龙井，吃点心。

“当然没弄错，您是公司的元老，总经理说，你们最近非常忙，每天加班都要到晚上10点，他心里非常不是滋味，希望您能够好好歇歇！”

秘书的话音未落，总经理就走了出来，和老王握了握手：“听说您找我，有什么事吗？”

老王一时语塞：“没……没什么事，就是来看看您！”不知道怎么回事，老王的怨气当时就消失了，临走的时候还不忘和总经理聊起了家常。

老王的牢骚很多，如果老王在气头上时，老板出来了，那么，老王的牢骚就有了发泄对象，那样的话，两个人就很有可能闹僵，最后，不欢而散。老板的聪明之处就在于，他先让老王冷静下来，等到他觉得时机成熟之后，才走出来，和老王交谈。

职场是一个大舞台，我们每天都要在上面展现自己与众不同的一面，但是在职场中，我们也会遇到很多生活中难以遇到的问题，而这就是由于利益关系在作祟。发生问题，我们心里就会窝火，就会开始发牢骚，但是发牢骚真的能解决问题吗？多一些自我鼓励，少发一些牢骚，只有这样，我们才能把舌头用到最正确的地方。

治愈牢骚最好的方法就是让其冷静，然后再说一些能够走进对方内心的话语，只有这样，对方才会认可我们的话语，才会真正体会到我们的良苦用心。我们不仅要学会调节自己，更要学会调节别人，只有这样，我们才能帮助越来越多踌躇不前的人，才能收获到越来越多的朋友。

低调做人，小心做事

人生漫漫长路，我们走得远了，走得累了，都会有打盹的时候，都会有犯错的时候。犯错之后，我们就要主动承认自己的错误，然后及时改正，只有这样，我们才能让错误为我们提供借鉴，才能让我们更有信心地走在今后的人生路上。

不管是谁，与人交流时，都要保持谦恭的说话态度，才能让自己少犯错误，避免疏漏。人生有很多事情是无法预知的，这就需要我们注意脚下的路，每一步都要走得小心，只有这样，我们才不会因为一时的失足而迷失掉自己的方向。

汉高祖刘邦争夺天下时，韩信是汉朝的第一功臣。他熟读兵法，不但懂得以少胜多、以弱敌强，更懂得适时出击、占据有利，为后世留下了如明修栈道、暗度陈仓等大量的军事典故。他为刘邦打下了半壁江山，率兵出陈仓、定三秦、破代、灭赵、降燕、伐齐，直至垓下全歼楚军，从来没有过一次败仗。被刘邦称为人杰，又被明茅坤称为兵仙。所以司马迁曾说，汉朝的天下，有三分之二是韩信打下来的。

然而，就是这样一位奇才良将，却因功高盖主，不懂内敛和礼让，说话直来直去，而犯了兵家大忌，为自己带来了灭顶的祸患。

有一次，刘邦问韩信："你说我能带多少兵?"

韩信不屑地说："陛下带兵最多也不能超过十万。"

刘邦又问："那你呢?"韩信为了彰显能力，自豪地说："我带兵，那是多多益善。"

这样的君臣对答，让刘邦很没面子，下不了台。就这样，刘邦和韩信之间的隔膜就此产生了。对这件事，刘邦一直耿耿于怀。

所以，楚汉之争结束后，功高盖主的韩信马上成了刘邦的一块心病。项羽一死，刘邦马上便夺了韩信的兵权。在公元前201年，刘邦又以谋反为名将韩信诱捕。被抓时，韩信仰天长叹：兔死狗烹、鸟尽弓藏。但是刘邦此时并没有杀他，只是把他贬为淮阴侯。在公元前196年，他被刘邦的妻子吕后诱杀于长乐宫钟室。

韩信没有意识到自己的错误，反而任由其滋长，这样，只会让错误不断被放大，长此下去，就算想挽回，也是不可能的了。韩信最应该做的就是，低调做人，小心做事，只有这样，才能让自己从风口浪尖中全身而退。

犯错之后，就要及时改正，如果我们像韩信一样，不懂得推功揽过，只会作茧自缚，最终，就会成为权力的牺牲品。错误，我们每个人都会犯，但是犯错之后，我们应该怎么做却是一个不能忽视的大问题。

不管何时何地，最重要的就是应该找到自己的位置，只有这样，我们才能让自己在犯错之后，及时承担责任并且改正。

每个人都会有低潮，都会不可避免地出现疏漏，这时，就需要我们及时“刹车”，不要让错误继续下去，如果错误继续下去，只会让我们在黑暗的泥沼中越陷越深。

我们不是高速运转的机器，不可能每天都保持同一频率思考、做事，而不出错误。出现错误，我们就要停下来思考，思考犯错的原因，找到改正的方法，只有这样，我们才能防患于未然，让自己在人生长路上走得更加长远。

人生中的每一天都是崭新的开始，而每一个错误的改正则是在让我们完成蜕变。承认错误，改正错误，不是说明我们卑微，而是展现出了我们勇于承担的强大风范气场。有时候简单的一句话，会让你的身份不降反升。

丹诺先生长期有一个习惯，那就是在审稿时，会把自己比较欣赏的段落用红笔勾出，以此作为标志。而排版人员看到此，就会明白：“这是主编的意思”。

一天，一位年轻的排版员正在读稿。这时，他发现有一段话被丹诺主编标记了下来。这段话是这么说的：“本报读者雷维特先生送给报社一个很大的红苹果，在那通红美丽的皮上有一排黄色的字，仔细一看，原来是我们主笔的名字。这真是一个人工栽培的奇迹！在一个光滑完整的苹果上，是如何刻上这样整齐有光泽的字的呢？我们在惊奇之余，虽经多方猜测，但却始终没有搞明白这些神奇的字迹是如何出现在苹果上的。”

看完这段文字，年轻的排版员不禁笑了起来。因为他明白，这些苹果皮上的字迹是如何“创造”的。其实方法很简单，那就是在苹果尚未完全成熟时，用纸剪成字形贴在苹果上，苹果被纸盖住的部分由于接收不到光照，所以成熟较慢，而没被纸盖住的部分受到了正常的光照，所以发育较快，等苹果发育成熟变红时，将纸揭去，字迹自然就显现在苹果上了。

这位年轻的排版员明白，如果刊登这段文字，那么一定会受到相关专家和读者的嘲笑。

于是乎，这个排版员自作主张，将这段文字删除了。然而第二天早上，丹诺先生愤怒地找到了他，说：“谁允许你删除那段文字的？昨天原稿中有一篇我用红笔勾出的关于‘奇异苹果’的文章，为什么被你删掉了？难道你没看见我做出了标注吗?”

看到主编大人很生气，这位年轻人自然也慌了神，于是急忙解释起来，将原因一五一十地告诉了丹诺先生。

听完下属的话，丹诺先生沉思了片刻，然后十分诚挚和蔼地道歉道：“原来如此！对不起，是我错怪你了，我向你道歉。这件事你做得十分正确，以后只要有确切可靠的理由，即使我已用红笔勾出，你仍然可以自行决定是否删掉。”

丹诺先生的话，让这个年轻人大受感动。他说：“真没想到丹诺先生是一个如此大度量的领导！

能对下属说出道歉的话，大方地向下属说出自己的失误，这不仅是一个领导者应有的素质，更是一种难得的优秀品质。没有这个能力，你永远不能成为一个受人敬仰、取得更大成绩的领导。

领导如此，更何况我们这些普通人呢？犯了错误坦然承认，体现出的是一个人的自律能力。一个人能力的体现，不单单是在顺境中，更多的则是在逆境中，比如说，当我们受到挫折时，当我们犯错时……越是这样，就越需要我们及时调整自己，让自己勇敢地去面对生活的考验。

面对自身错误，我们不应逃避，应该主动走下自尊心的“神坛”，积极面对自己的过失，只有这样，我们才能继续以积极的心态面对未来的人生。

越是成功的企业家，就越是懂得这个道理。戴尔公司的董事长麦克·戴尔在 2001 年向手下 20 位高级经理承认自己的错误，原因是自己过于腼腆，有时显得冷淡、难于接近，并承诺今后将和他们建立更为紧密的联系。随后他又将这件事通报给了公司所有的员工。令人感到意外的是，在这次事件之后，公司的营业额节节攀升，并由此进入了一个快速发展时期，这才有了今天如此大规模的市场占有量。

成功源于积累，不管是完美还是瑕疵，都是我们成长必经的阶段，而这也正是我们气场风范的最有力体现。想要取得成功，就要先从自我认知开始，只有认清自己，我们才能在犯错之后，勇敢承认错误，也只有这样，我们才能在人生舞台中展现出最强大的自己。

第十五章 ／ 读懂拒绝，学会说不

拒绝是一个人语言能力的试金石，我们只有学会拒绝，学会看到拒绝阴影背后的阳光，才能找到与人沟通的真正诀窍。万事无绝对，拒绝的背后很有可能是一次成功的开始。

人无拒绝，必无进取

阳光是世间万物的缔造者，是世间万物生生不息的资源保障，但是我们要知道，阳光和阴影是同时存在的，就像拒绝和接受也是同时存在的一样。有的人单纯认为，拒绝就会让我们走向深渊，但是我们要知道，拒绝的是事情，是人，而不是成功。

我们不是超人，不可能接受所有人的建议，然后完成所有的任务，多数时候，我们必须要学会权衡，学会取舍，只有这样，我们才能找到最重要的事情，然后集中注意力把重要的事情做好。

我们常说，鱼和熊掌不可兼得，这就要求我们学会拒绝，任何一件事情都是不可能做到完美的，我们只有先进行认真分析，然后选择正确的，拒绝错误的，才能看到成功的阳光。

威廉·奥斯勒还在上学的时候，对生活总是提不起兴趣，好像每一天都很疲惫，做事时犹豫不决，畏首畏尾。正是因为如此，威廉·奥斯勒平时错过了很多机会。

一次偶然的机会，威廉·奥斯勒读到了汤姆士·卡莱里的一本书，书中有这样的一段话："最重要的就是不要用过去的阴影看远方模糊的未来，而要毫不犹豫地做手边清楚的事。"威廉·奥斯勒如梦方醒，他决定改变自己，每天都要让新的生活影响到自己，告诉自己不要再怯懦胆小了，遇到事情，要果断去做，而不是继续选择逃避。

威廉·奥斯勒真的改变了，他把自己过去的消极思想全部抛却了，他开始变得坚强了，他感觉自己的人生真的充满了乐趣。在这种积极思想的支配下，威廉·奥斯勒开始学医，因为他喜欢医学。经过努力，他成为了一名医学家。后来，威廉·奥斯勒创建了世界上非常著名的约翰霍普金斯医学院，又成了牛津大学的客座教授，在此还被英国国王加封为爵士。

威廉·奥斯勒曾经在回忆自己的转变时说："过去我用铁门隔断了过去与未来，而在今天，我选择用百倍的勇气来做我想做的事情，所以，我取得了成功。"威廉·奥斯勒的这段话，影响了无数的人。

拒绝可以让我们看到阴影背后的阳光，如果我们不能拒绝，只是别人说什么就是什么，那么，我们就会成为别人的傀儡，就会失去自己的主见。人生长路，需要我们不断奔跑，但是这并不意味着，我们就要放弃路上所有的风景，我们要学会取舍，要学会拒绝，自己不能完成的事情，要在权衡之后坦然说明，这样，上帝在为我们关上一扇窗的同时，会为我们另外打开一扇门。

学会拒绝，但不是直来直去地拒绝，这样不仅会让我们的人生失去阳光，还会让我们走向黑暗。委婉地拒绝，让对方看到你的真诚，让对方了解你拒绝的真正原因，让他们看到你是真的爱莫能助，而不是毫无缘由地推脱。只有把事情展开说，从各方面进行分析，我们才能既不失去朋友，还能得到朋友的理解，让朋友看到你的真诚。

王猛大学毕业以后分到一个小地方工作，开始时感到很失意，成天和一帮哥们儿喝酒、打牌。后来逐渐醒悟过来，开始报名参加等级考试。

有一天晚上，他正在埋头苦读，突然一个电话打过来叫他去某哥们儿家集合，一问才知道他们“三缺一”。王猛不好意思讲大道理来拒绝他们的要求，也不想再像以前没日没夜地玩耍了，便回答说：“哎呀，哥们儿，我的酸手艺你们还不清楚啊，你们成心想让我‘进贡’嘛，我这个月的工资都快见底了，这样吧，一个小时，就打一个小时，你们答应我就去，不答应就算了。”一阵哄笑之后，对方也就不好食言，后来他们都知道王猛已经“另有所爱”了，也就不再来打扰他了。

拒绝就像是舍弃，舍弃一些不必要的东西，我们才能快乐地继续出发。如果总是一味地索取，我们的人生就会很快被垃圾填满，学会适当地舍弃，适当地拒绝，我们才能为自己的心灵留下一抹闲适。人无绝交，必无至交，相对地，人无拒绝，必无进取。我们的人生不是需要来者不住，而是需要认真斟酌，然后再去取舍，对于不好的，于己无益的事情或者话语，就应该及时选择拒绝。

人生很美好，但是美好并不代表人生的每一段时间都是美好的，而是说，人生中最美好的事情会来得更加长久，会让我们记忆更加深刻，而不美好的事情已经被我们的记忆细胞无情地拒绝了。美好的东西总是容易被人所记住，因为它的美好为我们带来了不一样的感觉，带动起了我们积极的情绪，正因为如此，我们才会选择美好的东西，而放弃不美好的东西。

拒绝别人并不是弃我们的面子于不顾，而是给自己提供一个缓冲的空间，让我们在更广阔的空间，更长的时间里去体会，去选择，如果做到这样，我们的人生才会变得美好。

灵活沟通，拒绝也是一种美

拒绝别人，当我们说“不”的时候，也需要照顾到别人的面子。我们不要因为顾及自己和别人的面子，就一味地答应，这样只能把自己推上风口浪尖，再想要抽身而退，就变得千难万难了。

我们要学会说“不”，要学会在照顾到对方面子的基础上去拒绝，这样，我们才不会因为拒绝而得罪人。身边人既然能向我们提出要求，就证明他们认可我们的能力，这就要求我们要坦诚，一位哲人曾说过，不要去欺骗你的朋友，你能骗到的，都是相信你的人。

我们在拒绝别人时候，所使用的理由要实在，这样会减少拒绝别人所带来的尴尬。

“这个没人干的闲差和销售总经理比起来，我能有什么盼头……”

故事发生在1947年的一天，那时小沃森刚刚接管公司的工作，成为了IBM的第二任总裁。

说出“没有盼头”之话的中年人叫伯肯斯托克，是IBM公司未来需求部的负责人。他是当时刚刚去世的IBM公司二把手柯克的好友，而柯克以前又和小沃森是对头。所以，伯肯斯托克理所当然地认为：柯克死后，小沃森肯定不会放过他，与其被人赶走，还不如主动辞职，闹个痛快。

伯肯斯托克就是抓住了小沃森和他父亲一样脾气暴躁、很要面子的特点，准备来到他的办公室故意当面向他发火。这样，在辞职前也算是出了一口恶气。

奇怪的是，当伯肯斯托克说着那样“没有盼头”挑衅的话而走进总裁办公室时，小沃森却显得平静，一脸微笑地看着他。

这反倒让伯肯斯托克有点紧张了，一时间他没有言语，不知所措。

小沃森趁势说：“如果你真行，那么，不仅在柯克手下，在我、我父亲手下都能成功。如果你认为我不公平，那么你就走；否则，你应该留下，因为这里有许多机遇。”

“……”

“如果是我遇到现在的情况，理智会让我最终决定留下来。”

伯肯斯托克愣了一下，继续嚷嚷道：“我刚才的话你没有听见?”

小沃森没有回答，仿佛真的没有听见似的。实际上，小沃森几乎已经达到了“沸点”，但他同时深深地明白，伯肯斯托克是个不可多得的人才；有他在，公司就握住了一大有力的资源。所以，小沃森竭尽全力地去挽留他。

事实证明，留下伯肯斯托克是正确的，在促使IBM从事计算机生产方面，伯肯斯托克做出了不可磨灭的贡献：当小沃森极力劝说老沃森及IBM其他高级负责人赶快投入计算机行业时，公司总部里支持者相当少，而伯肯斯托克全力支持他。伯肯斯托克对小沃森说：“打孔机注定要被淘汰，假定我们不觉醒，尽快研制电子计算机，IBM就要灭亡。”

小沃森相信他说的话是对的。小沃森与伯肯斯托克联手，为IBM立下了汗马功劳。小沃森在他的回忆中还曾写下这样一句话：“在柯克死后挽留伯肯斯托克，是我有史以来所采取的最出色的行动之一。”

小沃森不但挽留了伯肯斯托克，后来还陆续提拔了一批他并不喜欢却有真才实学的人。这样的容人之量，展现出的正是小沃森的精明之处，他容下了伯肯斯托克，挽留住了人才，进而借助他人的力量，成就了自己的一番事业。

照顾到别人的面子，就是要求我们要有容人之量。古今中外，大凡成大事者，莫不是以大胸怀掌握住了大局面：齐桓公不计管仲一箭之仇，拜其为上大夫，管理国政而成就霸业；李世民发动玄武门之变，不计魏征曾谏言谋害自己之前嫌，重用魏征，从而治国安邦，贞观长歌。

黄琳和李恒是同事，不知从何时起，李恒喜欢上了黄琳，经常下班后约黄琳去看电影、吃饭，可是黄琳对李恒没有那种心动的感觉，所以一直以来，黄琳都保持着不温不火的态度，对李恒的邀约也很少答应。

某一天下班后，李恒当着公司同事的面告诉黄琳，晚上要请黄琳去吃饭。黄琳想拒绝李恒，又怕伤了李恒的心，不拒绝李恒的邀请，似乎在暗示李恒可以继续追自己。

黄琳动了动脑筋说："李恒，我一直以来都把你当作哥哥，对你只有哥哥的亲情感。我不想破坏你在我心中哥哥的伟大形象……"

李恒听了之后，立马明白了黄琳的意思，又很感谢黄琳给了自己一个很好的台阶下。

试想，如果当时黄琳很断定地拒绝了李恒，两人的关系肯定会发生改变，可能会从朋友变成陌生人，可能还会有一个人因为这次拒绝离开公司。但是，聪明的黄琳用了委婉的方式，既满足了李恒的自尊心，又让两人的关系在朋友的基础上更近了一层。

人活一世，说不定什么时候就需要他人施以援手。所以，多一个对手绝对不是什么好事。人际交往过程中，"找借口"的作用不可小觑，无论是个人隐私，还是社会活动，适当功妙的借口会成为人际交往的润滑剂，有助于办事圆满成功，我们避免不了拒绝的发生，却可以在拒绝时采用适当并合乎情理的借口，从而最大程度地避免因为拒绝而带来的伤害。

坚持原则，学会拒绝

在现实社会中，我们不是单一的个体，而是与社会紧密相连的社会人，这就注定我们每天打交道是不可避免。这时就需要我们分清主次，接受自己应该接受的，拒绝自己应该拒绝的，只有这样，我们才能处理好身边的人际关系和身边的事。

对他人的困难急人所急，热情帮助，这都是应该的，但前提一定要量力而行。如果遇到做不到的事情，就要学会拒绝。但是，直截了当地说“不”，会使对方感到失望和尴尬，不利于和谐的人际交往。所以，擅用表达策略和交际技巧，给出一个合乎对方期望的回答，即使是拒绝，也能让对方很容易地接受。

在与人交往的过程中，永远不拒绝他人是不可能的。左右逢源，力图做“老好人”，或者勉为其难地接受了自己无法承办的事情，最终都不一定能得到我们预先期望的好结果。相反，如果能恰当地表达，温和而坚定地说明自己的情况，那么，不但可以让对方遭受拒绝后失望和不满情绪降到最低，而且还会给人以简单真诚的印象，有利于日后双方和谐的交往。

曾经，美国某报纸为了增强影响力，几次三番地邀请林肯去参加他们内部的编辑大会。林肯推脱不下只好勉强答应，对方欣喜若狂，并想趁势把林肯作为该报的“品牌”。

林肯觉得自己并非一个编辑，所以出席这样的会议不大合适。为此，他想用一个小故事让报社的领导明白，不要再邀请自己出席这样的大会了。

“一次，我在森林中遇到了一个骑马的妇女。我停下来让路，可是她也停了下来，目不转睛地盯着我的面孔看。”

她说：“现在才相信你是我见到过的最丑的人!”

“你大概讲对了，但是我又有什么办法呢?”

“当然有办法了，虽然你生就这副丑相是没有办法改变的，但你还是可以待在家里不要出来的嘛!”

大家为林肯幽默的自嘲而哑然失笑。林肯巧妙地表达了自己的拒绝意图，温和但却让人在愉快地氛围中领悟到他的意图。

不做滥好人，温和而坚定地拒绝，可以让对方看到你的良苦用心。对别人提出的要求，永远点头，并不能让我们得到什么，更会因为一味地同意，而把我们自己逼上绝境。林肯拒做滥好人，而是选择了引用一个故事，委婉地拒绝了对方的请求，进而使得自己从中抽身而出。

生活中，有很多人不会说“不”，也有人不敢说“不”。比如一个门卫，明知道不出示通行证的人不能放过，却不敢拦阻上司家人的车；一位鉴赏家明知道是赝品，却不好意思驳朋友的面子而向外人道出不是真迹的缘由。

然而往往，越是想讨好每一个人，越是达不到众人满意的结果。岂知越是想讨好每个人，最后谁也没讨好，因为，过多的逢迎让所有人都不曾注意到我们的“好”，却反而责备可能的不周到。越是想对得起每一个人，就越有可能谁都无法满足。要知道，一个人的精力、体力都是有限的，不可能顾及每一方面。除此之外，我们自己的阵脚也被扰乱，原有的方寸也会变得不再平衡。

白雪前些日子打电话回原来的公司向老同事问好，不料同事的一句客套话就把她的好心情搅没了，她分明听见有人在电话那头诉苦：“天气好热呀，你走了，都没人给我们买可乐了。”现在想想，白雪真的很后悔，要是当初刚进公司时，不依着那帮懒人，后来就不会有那么多的麻烦，落了个不得不离职的下场。

白雪刚进公司时，觉得自己是个新人，一定要赶快融入办公室的团体里面去。于是她刻意地巴结同事们，每逢休假日值班，只要谁开口，她都答应，为此不知浪费了多少个休假日，久而久之都变成值班专业户了；平时上班，白雪总是早早就到了，收拾台面，打扫办公室，只要谁说一句“没吃早餐好饿呀，有没有什么东西填肚子?”白雪就赶紧拿出自己买的牛奶麦片，送到他们手上；炎炎夏日，白雪还经常买些冰镇可乐带给大家喝。她成了大家公认的“大好人”。

但是，随着白雪身上的“新人”标签渐渐被摘掉，她的工作也渐渐繁忙了起来，这让经验还不够丰富的白雪有些应付不来。因此，白雪把大部分精力都花在了工作上，不再像以前一样帮同事们擦桌扫地买早点了。可没想到的是，她这一“撂挑子”，同事们却开始纷纷抱怨了起来，有的还当着白雪的面开涮：“哎呀呀，我们小雪也是公司的老人了嘛，年纪不大，还真有老员工的做派了。来来来，辛苦一下，帮我把这份材料送到经理室去吧。”没办法，碍于情面，白雪只能耐着性子继续当他们的勤杂工。

不仅是同事们拿她当“服务员”，白雪的顶头上司也会时不常地让她做些额外的工作，这些事说是工作，但其实绝大多数都是上司的“私事”。同事们有不合理要求，白雪还能以一句“那不是我分内事”推托，但顶头上司开口了，白雪就真的只能硬着头皮上了。

有一次，白雪的顶头上司派她去车站帮忙接一个亲戚，白雪虽然手里有一大堆工作要做，但还是答应了下来。结果，她刚一出公司的大门，就被出差回来的老板撞了个正着。当时正是上班时间，老板张口就问：“白雪，你这是去哪啊?”这是去替上司办私事，白雪哪敢实话实说？于是她只能硬着头皮编瞎话，说是出去招工。

结果后来，老板从别人那里知道了事情的真相，把白雪叫过去狠狠地训了一顿，说她身为人事部职员都不能做到“诚信”二字，又怎能管理他人呢？再说，你的工资是谁发给你的？你凭什么在工作时间去给别人办私事？

在老板眼里留下了这样的坏印象，在公司待下去只会自讨没趣，于是白雪递交了辞职申请，老板也并没有挽留她。“人见人爱”的她就这样黯然离职了。

我们常说，距离产生美，这不是毫无根由的，与同事相处，保持适当的距离是应该的。每个人都有自己的私密空间，不要等到别人厌恶的时候再幡然醒悟。我们都不是三头六臂的怪物，有些事情是我们力所不能及的，既然无法完成，就要选择适时抽身而退。

学会拒绝，学会区分，这样，既能保护自己，又能让我们产生吸引力。温和而坚定，优雅而明确，如此能进能退，在守住自己底线的同时，也赢得了他人的尊重与认可。

拒绝对方时要保持一个温婉而平和的态度，也就是说不要在他人一开口时就断然拒绝。对他人的请求流露出不快的神色，或坚持完全不妥协的态度，都会让人感到难堪。要懂得给对方一个面子或退路，实际上也是给拒绝一段缓冲的过程。我们应以真诚可亲的态度，耐心地让对方把话说完。然后，诚恳而明确地说出事实，开诚布公。委婉地道出苦衷，坚定地说出原则，必能获得朋友的谅解，赢得对方的尊重。

拒绝是一门大学问

我们当然希望可以满足他人提出的每一个期望，但这是完全不可能实现的。这时，拒绝就派上了用场。拒绝不当，可能会给对方带来不同程度上的伤害，所以，如何婉转地、合理地拒绝他人就成为一门必修课程。

既然爱莫能助，就应该在最初的时候选择拒绝，只有这样，我们才能做到不得罪人。当然，如果我们想要让对方心甘情愿地接受，就应该展现出自己的亲和力，只有这样，我们才能完成一次完美拒绝，而这样的完美拒绝，正是我们向成功不断迈进的重要保证。

说出自己的理由，真正把拒绝说到对方的心坎里，只有这样，我们才能继续给对方留下一个良好的印象，而这正是我们在人际交往中必不可少的手段。展现出亲和力，我们要做的就是先承后转，而这样的转折就会因为亲和力的呈现，而变得羚羊挂角，无迹可寻。

某地新成立了一家补习班，老师均为大学教授，因此一时间人满为患。不过，绝大多数的家长带着孩子前来，都会开门见山地说：“我的孩子今年没有考上大学，我没别的办法，只好找您帮忙来上补习班，请您无论如何也要帮我这个忙。”

刚开始，是一个年轻的老师接待的。当她听到家长这么说，就如此回答道：“这怎么可能！再说我们教室已经坐满了，现在不招收了！”

这位老师原以为，如此回答就能打消家长的念头。谁知，越来越多的家长涌向这里，有的甚至已经来过很多遍。可是无论她如何回答，那些家长依旧不依不饶，非要让她“开开后门”。

不得已，这位老师请求校长的帮助。这天，校长接待了几个家长。他听完家长的诉说，然后叹了口气：“是呀，孩子考大学是人生的大事，做家长的哪能不操心呢。去年我的孩子也没考上大学，当时我也特别着急。”然后他再据实陈述情况：“但是，我们这个补习班其实只有一间教室，面积很小，现在已经挤满了学生，连讲台两边都摆上书桌了。实在没有地方。如果让孩子在这种环境里听课，你想效果会好吗？”

听到校长这么说，那些家长也不无遗憾地离开了。后来几天，这些家长也再没有来纠缠。看到这样的场景，那个年轻老师竖起大拇指说：“校长，还是你厉害！”

校长笑了笑，说：“年轻人，你要学习的还有很多！就像这拒绝人，也是一门大学问！”

这位校长说得没错，拒绝的确是一门学问。而校长的语言，更是这门学问的精髓。由于先前说了那些赞成、同情的话，尊重了对方的愿望，谈话双方就有了互相理解的感情基础，这样，对方才能相信你所陈述的情况都是真实的，从而理解你的拒绝是出于无奈。所以，那些家长才不会继续前来纠缠。

校长的拒绝方式，正是典型的“先承后转”。当一个人有求于人的时候，往往都有惴惴不安的情绪，如果你一开始就说“不行”，会使对方这种不安的心理加剧，甚至使其产生强烈的反感。相反，如果你先赞成，然后陈述事实，对方就会容易接受你的拒绝了。

这种拒绝方式，可以说是“百发百中”。例如，你自己做了点小买卖，你的朋友过来说要跟你合作，两个人合伙干。这时如果你直接说不行，我就自己干，那么很可能你们的关系就掰了。但是如果你能先承后转地回答：“你这个设想很不错，只是目前条件还没有成熟。”这样既拒绝了对方，又给自己留了后路。学会打人情牌，而不是冰冷地拒绝，只有这样，我们才能在保持人脉的基础上，继续前行。

除了先赞赏之外，我们还可以从感情上表示同情，再说明无能为力。这种方式的好处在于：对方相信你的拒绝确属无奈。而对方也会因为你委婉的拒绝，表示理解，就会更加看重你这种诚信。力所能及，当然要尽力相帮；力所不能及，就应该选择抽身而退，而这正是明智的一种体现。

一个热爱文学的大学生，想与某位作家成为朋友。在一次交谈中，他热情地说：“今晚6点，我想请您在海天楼餐厅共进晚餐，我们好好聚一聚，顺便交流一下思想，您愿意吗?”

然而这段时间，这位作家最近忙于新的创作，所以无法抽出时间赴宴。于是，作家亲切地笑了笑，同时带着歉意说：“对你的邀请，我十分荣幸！

也许在吃饭的过程中，咱们会谈得更深入！但是，最近我在忙于创作，实在是忙得无法脱身，十分抱歉!”

作家的拒绝，不仅没有让大学生尴尬，还连连点头，表示理解作家的工作。

有人情味的拒绝，往往能说到对方心坎里，也正因为这样，生活中的我们才愿意用这样的方式拒绝。

张强和李刚是大学同学，两个人在同一座城市中生活。这一天，张强找到李刚，想要管他借一笔钱，以此做点小买卖。

听完老同学的话，李刚说：“张强，你张罗的这个买卖我很看好。但我也实话和你说，最近我刚刚买了房子，手头一时没有活钱了，就只能放弃了。不过我会帮你想想办法，问问银行的朋友，看看能不能拿到贷款，你看这样行吗?”

张强自然没有再难为李刚，于是谦虚地告辞了。

其实，人生没有我们想象的复杂，只要我们学会思考，学会改变自己说话的方式方法，就能让拒绝充满人情味。我们都希望身边人跟自己讲心，但是我们总是要求别人如何做，却不去想自己要如何做，这是非常不明智的。如果我们不能起到表率作用，无法带头大打人情牌，就没有权利去要求别人去如何做。

总而言之，拒绝是一门大学问，只有掌握了其中的技巧，你才能一语中的，收获良好的口才能力。平常生活中，我们也应多接触他人，还可以进行模拟训练，这样在拒绝别人时，才不至于吞吞吐吐，让简单的一句话变成空洞烦琐的累赘。

面对别人的请求，有时候我们是真的无能为力，那么我们该如何拒绝，才能做到不得罪人呢？因为，不恰当的拒绝，有时会让对方产生不快，从而导致彼此双方之间的交情出现裂痕。

想要达成一次完美的拒绝，我们就应该采用先承后转的方式去拒绝别人。当别人有求于你、向你提出一些要求，你可以先去肯定一下他的要求中的合理部分，用你的肯定设置一个缓冲带，然后再说明你无法照办的原因，这样就可以避免直接拒绝而带来的生硬感。

拒绝要选择正确的时机

我们每个人都有选择自己生活方式的权利，别人无权干涉，但是，当我们偏偏遇到有人横加阻止的时候，我们最应该做的就是果断去拒绝。当然，拒绝不一定是大刀阔斧的阻止，更有可能是润物细无声的感化。

任何一件事情，如果想要把它解决，就需要我们把它交给时间，让时间去沉淀，随着时间的流逝，任何事情都会变淡，而成功也将会在下一秒钟继续起航。时间是所有问题解决的最佳方法，我们要做的就是等待事情随着时间的推移而改变，等到淡下来之后，我们再去解释，这样，不管是什么样的拒绝都会被众人所接受。

如果我们在事情白热化的时候去拒绝，肯定会事倍功半，就算我们做再多的事情，也无法让事情峰回路转。拒绝不是一味地迎难而上，更多地，则是需要我们迂回作战，不要去硬碰硬，退而求其次，让时间流逝，只有这样，我们才能看到更加光明的未来。

日本有一位名叫白隐的禅师，他德高望重，很多人都千里迢迢求他布道。

一天，住在白隐禅师隔壁的一户人家，愤怒地闯进寺庙，要找白隐禅师理论理论。原来，这户人家有个未出阁的女儿，可这女儿的肚子竟一天天大了起来。家人知道女孩怀孕后，大发雷霆，一定要让女孩说出孩子的父亲是谁。女孩刚开始不肯说，但最后迫于压力，就说出了白隐的名字。

女孩的父母听后，就拉着女儿来找白隐禅师兴师问罪。一时间，庙里的大小和尚，村里的父老乡亲全都过来围观，对着白隐禅师指指点点，想不到一个德高望重的和尚，竟也做出这样见不得人的事。然而，白隐得知众人的来意后，竟一点辩解和解释都没有，他只轻轻地说了一句："是这样吗?"

等到孩子生出来以后，这户人家就把孩子抱到寺里送给白隐，白隐接过孩子，依然只轻轻地说了一句："是这样吗?"

从此以后，白隐名誉扫地，臭名远扬。他为了抚养孩子，挨家挨户去乞讨奶水，忍受了数不清的讥笑辱骂。怀中的婴孩在他的精心照料下，一天天健康长大。

这一切，都被孩子的母亲，那个年轻的女孩看在眼里，她被感动了，母爱在她心里复苏，最后她终于良心发现，说出了事情的真相，原来孩子的父亲根本不是白隐禅师，而是另有其人。

于是女孩与其父母再一次来到寺院，向白隐禅师道歉、忏悔，并要领回孩子。只见白隐禅师非常仔细认真地把孩子包好，送到他们手中，然后，轻轻地说了一句："是这样的吗？"

白隐禅师的选择是明智的，他不愿意在风口浪尖去强加辩解，这样只会让本来简单的问题复杂化，就算是子虚乌有的事情，经过你的一番辩解，也会变得跟真的一样。对待根本不存在的事情时，最好的办法就是不去关注它，拒绝解释，让时间去改变一切，等到这段针锋相对的时期过去，我们再去平心静气地解释，就会更容易被人所接受了。

拒绝并不是彻底的拒绝，有时候更是一种迂回的方式，不仅可以为我们提供喘息的机会，也可以为我们身边的人提供喘息的机会，让大家都冷静下来，只有这样，大家才可以平心静气地坐下来交谈。拒绝不是莽夫的行为，不是当即就做出的判断，而是经过一番深思熟虑之后，才做出的判断。

想要让自己的拒绝取得成功，就要求我们找到成功的时机。找到最适合的时间点，去沟通、去解释。这样，问题才能被圆满解决。冲冠一怒，不计得失地拒绝，是非常不可取的，这样，只会让当事人之间的矛盾变得不可调和。口才的魅力不单单体现在内容上，更多地则体现在时机上，而选择出最恰当的时机进行沟通则是我们取得成功的重要保证。

"我作为一名中国的科技工作者，活着的目的就是为人民服务。"钱学森用他的一生，实践着这个平凡而伟大的诺言。

钱学森是世界知名科学家，也是我国著名科学家。但他对中国院士和外国院士这些荣誉称号却看得十分淡漠。20世纪80年代，美国科学院和美国工程院曾先后邀请他去美国，拟授予他美国科学院院士和美国工程院院士称号，均被他拒绝。

钱学森在青年时代就怀着学以致用、报效祖国之志出国留学，而当真正学有成就，名声海外时，钱学森便奋力争取回国。

回国以后，他勤奋工作，将自己学到的所有知识、智慧无私地奉献给了祖国和人民，他甚至将个人一生所得的几笔较大收入，或作为党费上交组织，或全部捐给祖国社会主义建设最需要的地方。

耄耋之年后，钱学森虽长期卧床静养，但仍旧时常思考一些国家建设中的大事。面对国家给予的诸多荣誉，他或者请辞，或者婉拒。并时常感叹“自己对祖国人民做得太少，而人民给予的太多了”。

此类拒绝案例，在第二次世界大战之后也曾发生过：

那时的日本啤酒市场，一直由麒麟啤酒公司独占50%市场份额。三得利公司最初生产威士忌，市场份额占第一。但是，它们在继续生产威士忌的同时，也进入啤酒生产领域，然而由于对整个日本啤酒市场来说，三得利公司毕竟是个新手，所以啤酒上市以来，并没有受到消费者的好评。

有一天，三得利公司的佐治敬三社长找到阪急集团的总裁小林米三先生，请求对方销售自己公司的三得利啤酒。当时阪急集团销售的威士忌酒是三得利提供的。所以，佐治敬三跟小林米三关系很近，平日里时常交往。而且小林米三的妹妹正是佐治敬三的嫂子。这么一种亲上加亲的关系，使佐治敬三提出的请求也有些自然而然。

可是，阪急集团的经营方针是跟一家企业只能发展一种业务。既然公司在威士忌酒的销售上已经选择了三得利，那么再销售对方生产的啤酒，显然有悖于公司的经营方针。因此，佐治敬三的要求受到小林米三的拒绝：

“我不能答应你的要求。虽然我们彼此交情不浅，可也不能违反公司的经营方针。以后有机会再补偿你吧。”佐治敬三只好知难而退。

小林米三平素就酷爱饮啤酒，自从那次在公事上拒绝佐治之后，每天晚上，无论在哪家酒店喝酒，他是非三得利啤酒不喝。经过他的这种“补偿”，许多酒吧、俱乐部都逐渐开始销售三得利啤酒。

选择拒绝，为的就是让自己的内心平静下来，做更多其他有意义的事情。与其为子虚乌有的事情殚精竭虑，不如活在当下，为更多有意义的事情而努力奋斗。拒绝的目的，就是为了保持住自己的原则，保持住自己的本心，而这些是我们一生中最重要的东西，我们不能因为一些小事，而放弃掉自己的原则。

让心灵沉淀，为的就是让事情淡化，而这样的做法为的就是把手上的问题更好地解决掉。与其说拒绝是对别人的一种否定，不如说是一种扪心自问。想想别人，再想想自己，我们只有找到真正合适的方法和时机，才能让自己在人生长路中走得更远。

第十六章 ╱ 沉默是金，体会沟通的魅力

我们常说，废话是土，多言是铁，寡语是铜，沉默是金。沉默在一定程度上是我们人际交往中的最有力武器。适时的沉默，可以隐藏自己，更可以让自己从危险中抽离出来，而只有这样，才能让我们因为沉默而了解到更多语言中的精髓与魅力。

留一份沉默给自己

中国人常说："沉默是金。"这句饶有意味的话影响了我们很多人。沉默并不代表这个人没词了，只能无言以对，而是说明这个人正在思考，正在思索对策，而这样则是为了积蓄力量，让自己离成功更近一步。

不在沉默中爆发，就在沉默中灭亡。我们都希望自己能够在沉默之后，展现出不一样的自己，这就要求我们学会斟酌。博观而约取，厚积而薄发。沉默就是积蓄力量的一种方式，沉默是为了让我们冷静下来，抛弃杂念，去思索应对之法。我们千万不要低估沉默的力量，与人对峙的时候，先亮出自

己牌的人，就很有可能会输掉。只有韬光养晦，懂得沉默的人才能在人生长路上走得更远。

清朝时期，14岁的康熙举行了亲政大典。但是康熙仍然没有掌握实权，真正的大权还在鳌拜手上攥着。皇上和鳌拜的矛盾渐渐激化，终于在苏克萨哈的问题上爆发了出来。

顺治临终前指定苏克萨哈为顾命大臣，但是此人位高权重，很难动摇。鳌拜觉得他是自己成功路上的绊脚石，一心想要铲除。于是，鳌拜就向康熙进谗言说："苏克萨哈心怀鬼胎，想要篡权夺位，臣已经下令把他收押了起来，请皇上下令正法处治。"

康熙虽然对鳌拜不满，但是无奈大权旁落，只能暂时隐忍。就这样，鳌拜一手遮天，把苏克萨哈正法了。不仅如此，还诛杀了他的家人。

这时，康熙才觉得不铲除鳌拜实在不行，但是残酷的现实又摆在眼前。鳌拜不仅大权独揽，而且武艺高强，朝廷上下有很多人是他的心腹。如果稍有偏差，恐怕连自己的身家性命都会不保。

经过一夜的深思熟虑，康熙最终定下了铲除鳌拜的计策。

第二天早朝的时候，康熙不露声色，也不提苏克萨哈的事情，只是给鳌拜加官进爵，还让他儿子承其福荫。康熙一方面表现出自己的软弱无能，让鳌拜掉以轻心；另一方面，康熙挑选了十几名小太监练习摔跤，自己也参与其中。

鳌拜上朝的时候，看见康熙像个孩子似的跟小太监们扭打在一起，更是放下心来。这样时间一长，小太监的摔跤之术已然练得非常纯熟，而鳌拜对康熙也失去了戒心。

到了康熙八年（公元1669年）的5月16日，时机终于成熟了！待鳌拜进宫时，康熙一个眼神，众侍卫一拥而上，迅速擒住了他，来了个五花大绑，关入监狱。鳌拜还想反抗，无奈为时已晚。他的一帮亲信随后也全被拿下，包括要臣遏必隆。

康熙对鳌拜说："鳌拜，你欺朕年幼，图谋不轨，滥杀无辜，意图篡位，罪不可恕！你的罪过真是罄竹难书！待朕查清你的所有罪行，一定严惩不贷！"

康熙的成功在于他把自己的内心藏了起来，表面上麻痹了鳌拜，暗地里却是实行着自己的计策。然后一击必中，把鳌拜抓了起来。沉默是金，学会隐忍才能保全自己，才能不留下弱点，等到时机出现，我们才能真正做到一击必中。

沉默是一种智慧，它可以让我们从口舌之争中抽离出来，远离是非之地。如果我们选择据理力争，不仅会失掉身份，更会让自己失去理智。情绪化的时候需要冷静，话多的时候需要沉默，只有这样，我们才能展现出自己的气度和胸襟。

徐伟杰去应聘一家做玩具出口的公司，经过一番面试，获得了面试官的认可。徐伟杰认为自己的人生已经起步，接下来，自己一定要努力，不仅要对自己负责，更要对公司负责。

第二天，徐伟杰精神饱满地来到公司上班，迅速投入到了工作中来，加上老员工对他的指点，徐伟杰完成的工作让上司非常满意。

但是好景不长，半个月之后，徐伟杰对待工作就没有往日的激情了，他发现自己的学历是最高的，而工资却是最低的，这让徐伟杰心里很不平衡。

老板发现徐伟杰的情绪变化后，就把他叫来谈话，并且告诉他，只要把工作做好，升职加薪是早晚的事，徐伟杰只是沉默应答，并没有说什么。

可刚刚过了一天，徐伟杰就主动找到老板，直截了当地要求老板提高他的月薪。但是老板认为，公司有严格的工资管理制度，不能因为徐伟杰一个人的要求而搞特殊，而且徐伟杰还是新人，刚来公司，对公司的很多业务还不是很了解，需要老员工对他进行指导。在徐伟杰为公司真正创造利益之前，公司是无法给他提高薪酬的。

徐伟杰表示理解，但是他也只是表面说说，工作的时候依然我行我素，每天只是完成上级布置下的任务，其他什么都不做。没事做的时候就在那打电话上网。

一个月之后，老板实在忍受不了徐伟杰的这种消极怠工，于是解雇了他。

职场是一个牵扯到各种利益的场所，这样的场所就更要求我们提高警惕，不该说的话，千万不要说，免得一失足成千古恨。沉默不是赌气，如果我们像徐伟杰一样，只会在下一秒钟，吞下失败的苦果。

沉默是给自己留一个缓冲区间，让我们静下心来思考。我们总是因为走得太远，说得太多，而背离了自己的初衷。人生需要不断奔跑，但是奔跑之余我们也需要喘息，只有这样，我们才能在危险面前闪转腾挪，保全自己。

嘴上不说，心里去想，而这样，我们才能从困境中走出来。我们生命中的每一天都是余下生命中的第一天，如果不去珍惜，不去思考，只会让自己不断迷失。沉默是一种调节情绪的方法，它可以让我们去思考，积蓄力量，等到力量足够强大时，我们就一定能完成人生中的致命一击。

沉默是一种理智的行为

我们经常会遇到说话滔滔不绝的人，也经常会遇到话语非常尖锐的人，这时就需要我们示弱，学会转移角度，不要让唇枪舌剑砸到我们身上。

记得一个朋友在谈恋爱的时候，他一到没词的时候，就会傻笑，这样的做法，帮助他摆脱了很多困境，而现在，他已经和爱人步入了婚姻的殿堂。

如果我们一开始就没搞明白别人的请求，那么，别人还会继续对我们提出请求吗？我们还用得着为如何拒绝别人而伤脑筋吗？所以，在别人有求于你的时候，你不妨装糊涂，表示你根本搞不懂别人在说什么。这一招虽然有损形象，但是非常有效，可以说是“妙”用无穷。

在有的场合，别人提出的要求、问题，不管你怎样处理都会引起麻烦，而如果不会做出回应的话，也同样不利于己，这时不妨佯装没有听见，没有看到。你大可以找出种种原因表示你没有听见或者听不清别人说话，这样别人只能无奈地放弃请求。

1953年6月，年事已高的英国首相丘吉尔到百慕大参加英、法、美三国会谈。在会谈期间，与会者向他提出了很多要求，其中有些要求是很叫人感到棘手的。

对此，丘吉尔称自己年事已高听力不好，时常装听不清，对于别人不利于己的请求装作没有听见，或者反复地说：“你说什么，我听不清。”而只在有利于己的问题上与人交流探讨。这一招装聋作哑使前来参加会议的美国总统艾森豪威尔和法国外交总长皮杜尔感到十分头痛。艾森豪威尔无奈地说：“装听不清成了这位老首相的最佳防卫武器。”

丘吉尔对于一些自己很难应付的请求视而不见听而不闻，所以根本也不用去拒绝，更不会因此而损害别人的面子，而别人拿他的这一招数也毫无办法。可见装听不清是多么高明的拒绝方法。

有装听不清的人，就当然会有选择沉默不语的人，对于一些无理要求，我们无法做到的，就要学会沉默应答。其实，沉默的时候，不光是要闭紧嘴巴，还要综合运用目光、神态、表情、动作等各种因素，或明或暗地表达自己的思想感情。沉默的拒绝具有丰富的内涵，作用也十分明显。用沉默去拒绝不会引起冲突。冲突的产生一定是有来言有去语的，只有一个人说话的时候是绝对吵不起来的。通常，当人们碰壁的时候难免不快。而保持沉默，就可以避免把不快上升到争吵，可以保全对方面子，而且也可以显示出你的豁达大度和良好修养。

徐庶、诸葛亮、庞统三人都曾拜在水镜先生门下。后来，徐庶投到了刘备帐下，曹操以徐庶老母病重为由，把他骗回了魏国。

这才有了后来的“徐庶回马荐诸葛”，等到了魏国之后，徐庶才发现自己被骗了。自此之后，徐庶发誓，再也不会为魏国献出一条计策。不管曹操问什么，徐庶只是耸耸肩，微笑一下，什么都不说。

虽然如此，但是徐庶在曹营这么多年，终究是没有得罪任何人的，没有和任何人撕下过脸皮，正因为这样，徐庶才得以保全自己。

徐庶的成功在于他数十年如一日地坚持，正因为这样，徐庶才能躲过重重灾难，保全自己。徐庶选择沉默，为的是坚守自己的原则，正因为这样，他才会得到古往今来人们的敬重。

沉默的力量不仅如此，它还可以用作暗示性表态。沉默在有时候是模糊语言，不置可否，但在特定的背景下，其实就是明确表态。如果对方提出一种意见或处理办法，而你却不敢苟同，但出于全面平衡关系考虑，你又不能明示反对，这时的沉默看似不偏不倚，但聪明人却可意会神通，知道自己的要求令你为难，十有八九办不成，其实沉默就是不同意、不支持。此时彼此心照不宣，也不用固执已见，伤了和气。

沉默作哑就是把自己降到底端，避免成为他人指责的对象。沉默是一个人在不便直接回绝的情况下使用含糊的语言或者假装糊涂的方式回避请托人，这种方法不仅可以化解求助双方之间的尴尬，还能收到为人处世的最佳效果。

生活中，我们总要面对各种各样的人和事，这其中，有许多积极的，也会有许多消极的；有符合自己意愿的，也有不符合自己意愿的；有我们赞成的，也有我们反对的；有我们乐意接受的，也有我们需要拒绝的。究竟如何处理这些事情，就构成了我们日常生活的主要内容，并影响我们生活的方方面面。

多数时候，我们需要的就是沉默，只有这样，不去争辩，我们才能避免灾祸殃及自身。人生总是要面临无数的选择，是沉默还是去争辩，这是一个大问题。争辩是一种非常大的冒险行为，因为我们不知道争辩之后会给我们带来什么样的结果，所以，我们选择沉默是一种理智的行为。必要时候，选择沉默完全可以让对方知难而退。

给内心留片“静”土

我们嘴上话语的表达全都来源于我们内心的反映，选择沉默，则需要我们拥有一份淡然的心境。

众所周知，电脑系统中专门配置了“回收站”，用来收集那些已删除的垃圾文件。连接网络的电脑每天都会产生成百上千兆的垃圾信息，必须定期清空，否则就会影响到电脑的运行速度。

而在每一个人的心灵深处，也都有一个“回收站”，同样被装载了很多“垃圾信息”。只有定期清空，才不至于让这些“垃圾”填满心灵、危害身心，进而吞噬灵魂。“CPU”的回收站清空了，才会使整个身心系统运行畅快，才会使得我们的沉默更有质感。

在海边山脚的一条小路上，走来一个年轻人，他不远千里来到海边，只为到达大海对面的一个地方。年轻人把大大小小的箱子装到船上，就驾船出海了。他劈波斩浪，历经种种险象环生的航行，还是没能到达大海对面的那个地方。

有一天，极度疲惫的年轻人停下来休息的时候，遇见了一位智者。年轻人问："我是那样的执着、坚强，长期跋涉的辛苦和疲惫都难不住我，各种考验也没能吓倒我。我已疲惫到了极点，为什么还到不了我心中的目的地呢?"

智者看了看他的船舱问道："你的船里装的都是什么?"

年轻人说："它们对我可重要了。第一个箱子里面装的都是我必需的生活用品；第二个箱子装满我路上跌倒时的痛苦，受伤后的哭泣，孤寂时的烦恼；第三个箱子是我一路上搜集的金银珠宝。"

智者听完后淡淡地问道："过了海你是不是要扛着船赶路?"

年轻人很惊讶："扛船赶路？它那么沉，我扛得动吗?"

智者听完微微一笑，说："过海时，船是有用的，但过了海，就要放下船赶路呀。"

年轻人顿悟，他把第二个箱子丢掉了，顿觉心里像扔掉一块石头一样轻松。赶了一段路，他又把千辛万苦得到的珍宝全部扔到了海里，只把装有生活必需品的箱子留了下来。船轻快了许多，没用多长时间，年轻人就到达了目的地。

世间万物多而杂，简而美。太过于追求，往往就会求而不得；所有事情，越是简单越是接近于它的本来状态。我们更需要这种删繁就简的生活方式，要学会分清主次，舍弃细枝末节不重要的东西，这样，我们才可以轻装上阵。

心静则嘴净，我们不要退却，而是要卸下重担，让心灵获得更大的自由，心灵越自由，我们的人生目标才会越清晰，成功也会在前方不远处等着我们。

人生就像一艘不断航行的艨艟巨舰，不管它行驶到哪里，它所能承载的重量都是有限的。我们要做的就是及时舍弃，这时，我们才会感觉到心底最真的轻松。

从儿子上高中开始，父亲就觉得儿子越来越叛逆，越来越难管。他们之间三天两头就闹一些小别扭或大纷争。

好在，这位父亲是一个理性且比较开明的家长，他主动来到了青少年心理诊所咨询。

“真搞不懂我那宝贝儿子，他从上了高中以后，就很少再听我说话了。”见到心理医生，父亲开口就这样抱怨道。

“你是说，因为孩子不肯听你说话，所以你不了解他？”心理医生一开始就听出了门道，有意引导着问。

“对啊！”这位父亲浑然没有感觉问题的所在。

即使心理医生一再强调、反复发问，父亲依然不觉得自己有什么不对。最后，心理医生只好明说：“难道要了解一个人，不是你主动走近他的内心世界，而是让他去理解你说的意思吗？”

他愣了一下，好一会儿才恍然大悟：“噢，没错！可是，我是过来人，很了解他的状况。唯一叫人想不透的，就是他为什么不听老爸的话呢？”

这位父亲确实完全不明白儿子的心事，他只用自己的观点去揣度儿子的世界，无怪乎他与儿子之间的心墙怎么也打不破。与其如此，还不如选择沉默，然后静下心来去沟通，这样，才能解决孩子的内心问题。

诚然，生活的压力、工作的竞争的确会让人经常处于紧张状态；然而夜深人静，当我们审视自己内心的时候，却不得不承认，我们心灵的回收站里已经装载了太多的“垃圾信息”。所有的欲望汇聚成一片汪洋，我们的心灵便在其中载沉载浮，无法自拔。如此，我们生活的“系统”怎能不被痛苦和焦虑的“病毒”攻击至瘫痪呢？

这就要求我们及时清理心中的垃圾，如果不清理，只会让我们的负重增加。很多人都会有这样的体会：每隔一段时间，无名的抑郁与困扰总会萦绕于心，产生一种说不出的烦躁和焦虑。要知道，冰冻三尺，非一日之寒。种种不良的情绪并非单单由某件事情一时引起的，而是由很多愁思长时间堆积而成的。而沉默则是缓解矛盾，避免争端的最佳良药，要想学会沉默的智慧，就需要我们先从内心出发，只有心静了，我们的生活才会变静。

把“沉默”放到适当的位置

我们常常会遇到这样的人，这样的人总是少说多做，认为实际行动才是最好的语言。当然，适当的时候，选择沉默，用行动代替自己的言语是非常正确的。

选对人，然后再去沉默，用另外一种形式展现出自己的能力，这样的做法往往能收获到更好的效果。如果领导选择沉默时，你却在滔滔不绝说话，他就会觉得你在故意展现自己，太过于华而不实，这样的做法，只会让身边人对你殊无好感。

选择正确的对象，然后，再去沉默，选择用自己的实际行动打动对方，我们才能得到对方的认可。多数时候，天时地利人和，缺一不可，沉默的时候也是如此。

创立明朝之前，朱元璋就和马氏结婚了。马氏不喜欢裹脚，所以她的脚很大，等到朱元璋创建明朝之后，就封了马氏为皇后，而别人在暗地里都叫她“大脚马皇后”。

马氏是郭子兴的义女，朱元璋能够娶到马氏就是郭子兴做的媒人。

最开始的时候，朱元璋和马氏过着寄人篱下的生活，经常会遇到别人的排挤。岳父郭子兴也是个暴脾气，动不动就要把朱元璋叫来臭骂一顿。不仅如此，还经常不给朱元璋饭吃。

马氏看到丈夫受罪，非常心疼，就偷偷地给他送吃的。但是事有意外，有一次，马氏把大饼烙熟了之后，忽然看见有人来了。容不得多想，马氏马上把大饼揣在了怀里。等到那人走了之后，就给朱元璋偷偷送了过去。大饼拿出来之后，朱元璋看到马氏胸口被烫坏了一大片，不禁感动得痛哭流涕。

马氏时常劝丈夫说：“作为夫妻，就应该同甘共苦，只要我们坚持，总会过上好日子的。”后来，当上了皇帝的朱元璋渐渐变得残忍好杀。有时候，马皇后劝他，他都不听。马皇后就解开衣服，把自己的胸口伤疤展示给丈夫看，朱元璋的火气马上就没有了。

当时有一个非常有学问的人叫宋濂，他帮助朱元璋平定了天下，是明朝的开国重臣。明朝丞相胡惟庸因为过失被杀害，宋濂的孙子也受到了牵连被定为死罪。

朱元璋一怒之下不仅逮捕了宋濂的孙子，还逮捕了宋濂，要把宋濂也一起判死刑。马皇后听说后，非常伤心。

这天和丈夫一起吃饭的时候，马皇后沉默不语。接连几天，马皇后皆是如此。朱元璋紧锁眉头，问她怎么了。

马皇后认为自己沉默的时间已经差不多了，就对朱元璋说："宋濂的孙子做了错事理当问斩，但这事跟宋濂有什么关系呢？怎么能不分青红皂白把他也处死？这不是有失仁义吗？"朱元璋听了马皇后的劝告，觉得她说得在理，就赦免了宋濂的死罪。

后来，马皇后害了重病，朱元璋遍访名医为她治疗。但是马皇后知道自己已经病入膏肓，回天乏术，就说什么也不肯吃药。朱元璋非常着急。马皇后说："如果我的病治不好了，你肯定会杀死御医。我宁可病死，也不愿看到你多造杀戮。"

马皇后临终前，特意叮嘱朱元璋说："我希望你改改冲动好杀的脾气，要学会淡然处世。虽然你是皇帝，也不要多造杀戮。只有善待臣民，才能让天下百姓安居乐业。"

马皇后的沉默，换来的是朱元璋的重视。沉默在一定程度上是让对方重视到你，如果我们总是滔滔不绝地说话，对方只会习惯或者是厌烦，如果我们适当地沉默，对方就会在失去你的时候，感受到你的价值。

"沉默"其实是一个中性词，关键是看我们要把"沉默"放到什么位置上，如果把"沉默"放到正确的位置上，那么，"沉默"就是一个褒义词；如果把"沉默"放到错误的位置上，那么，"沉默"就是一个贬义词。这就好比，同样一盆污水，如果泼向人，就是坏事；如果去浇灌小树，就是一件好事。

沉默需要我们做的就是沉下心来，让自己少说多做，这样，我们才能避免所有人的矛头指向自己。沟通有时候是不需要说多少话的，而是需要我们找到说话和沉默之间的尺度，让自己远离危机，避免今后挫折的出现。

哈维·麦凯从大学毕业那天就开始努力地去找工作。当时的大学毕业生还非常少，他自以为可以找到很好的工作，可是，他去了很多地方应聘，却四处碰壁，徒劳无功。他为此整天闷闷不乐。

哈维·麦凯的父亲是一名记者，朋友很多，认识很多重要人物。许多年前，哈维·麦凯的父亲曾帮助过一名叫查理·沃德的人，对此查理·沃德心存感激，一直想找机会报答他。有一天，一个偶然的机会，他们又见面了，他们在闲聊中，无意间谈到了他的儿子，并说出哈维·麦凯刚大学毕业，正在为没有工作发愁。查理·沃德立即提出，给哈维·麦凯安排工作！

哈维·麦凯的父亲回到家后，告诉了他的儿子。哈维·麦凯高兴极了，他立刻打电话到沃德的办公室，开始秘书不给他转接。后来他提到父亲的名字，才得到跟沃德通话的机会。沃德说："你明天上午10点钟直接到我办公室面谈吧!"第二天，哈维·麦凯如约而至。想不到一场严肃的招聘会竟变成了轻松的聊天，沃德兴致勃勃地聊起了哈维·麦凯的父亲，并给他讲述他们的那一段狱中采访，整个过程非常轻松愉快。

之后，查理·沃德决定安排哈维·麦凯到他们公司上班，并给了他很好的职位，当闲晃了很长时间的哈维·麦凯站在气派的办公室的时候，他感觉这就像是在做梦一般，心中感到异常的兴奋。他不但顷刻间有了梦寐以求的工作，而且薪水和福利都是同学中最好的。

对哈维·麦凯来说这不单单只是一份工作，而且是一份事业。从此以后，哈维·麦凯开始沉下心来，踏实工作，希望自己能够取得一番成绩，来回报查理·沃德的知遇之恩。就这样，哈维·麦凯沉默了42年之后，成为了全美著名的信封公司老板。

至今，哈维·麦凯都说："我非常感谢沃德，感谢我的父亲，是他们给了我工作，给了我终生的事业。"

我们在说话做事之前，必须要知道自己所处的位置和自己未来发展的方向，只有找对这些，我们才能握住自己的人生命脉。当我们被别人重用之后，最需要我们做的就是用实际行动去证明自己的价值，只有这样，我们才能不辜负对方的知遇之恩。

沉默是一种力量，在适当的时候，选对沉默对象，这样，当我们选择沉默的时候，会给身边人一种无形的压力，别人才会注意到你。沉默体现出的是一种气场，体现出的是一种语言无法体现出的人格魅力，而这样的沉默，往往会给我们带来意料之外的成功。

第十七章 / 沟通，通向心灵的桥梁

交友莫如交心，动人莫如动情。与人沟通时，我们要做的就是先要找到真正适合自己的沟通方式，与其说讲话拼的是艺术，不如说拼的是人心，谁能先说动人心，谁就能取得与人沟通的最后胜利。只要我们的话语能够走进对方心里，我们就能完成一次出色的沟通。

恰如其分，深入人心的交流

面对不同的人，我们会说出不同的语言；同样，对于不同的说服对象，我们说话的内容也应有所调整，这就是“对症下药”。如果我们不分对象，只用相同的语言进行说服，那么，结果自然不会令人满意。

当我们想让一个目不识丁的老太太接受建议，却举出了一些乔布斯或者普希金的例子，她能够理解你的苦心吗？这么做，岂不是白费口舌？

所以，在说服别人的时候，我们一定要做到因地制宜，投其所好。大千世界，芸芸众生，各不相同，这就要求我们说话一定要顾及听话的人，要了解听话者的身份、年龄、职业、爱好、文化修养等诸多方面的情况，只有这样，我们所说的话才会有意义，而正是因为这样话语的帮助，才使得我们达到预期的目的。

简而言之，说服的语言要因人而异。就像宋朝著名大臣吕端，正是明白宋太祖赵匡胤的身份，从而巧妙利用历史典故，巧妙地将其说服：

宋太祖赵匡胤在位期间，经常与党项族发生小规模战争。有一年，边防的士兵抓住了党项族的首领李继迁的母亲，把她押至京城。

见到敌方首领的母亲被擒，赵匡胤自然大喜，决定杀了李母，给李继迁点颜色看看。于是，宋太祖命人将李母绑于午门外，定于午时斩首。

这时，大臣吕端闻知此事，大喊一声“不好”，急忙进宫求见太祖，试图劝说他改变主意。他对宋太祖说：“万岁，我已知晓李继迁之母被擒，可是为什么要杀死她呢?”

宋太祖得意扬扬道：“难道不可以吗？我就是要那些叛逆的人看看，这是对他们的惩罚。你不要再劝了！”

吕端听完，深思了片刻，说：“万岁，这样的做法，绝不是什么好办法。容臣讲一个故事吧。当初项羽打算油烹汉高祖的父亲。汉高祖刘邦告诉项羽：‘油烹了我的父亲，希望能分给我一杯肉汤喝。’所以，凡是有野心，想成就大事的人往往都是不顾念他的亲属，何况像李继迁这样犯上作乱、野心勃勃的人呢?”

宋太祖一愣，一时竟不知说什么好。这时，吕端又继续说道：“万岁，即使您今日杀了李继迁的母亲，明日是否就能捉住李继迁呢？如果捉不到李继迁，白白地结下怨仇，反而越发坚定其叛逆之心。所以，以臣之见，最好将她安置在延州，好好款待她，以此为诱饵来招降李继迁。即使他不投降，也可拴住他的心，他母亲的生死操在我们手中，料他不敢轻举妄动。”说完，吕端再次叩头。

“嗯，你说得有道理。”宋太祖连连点头称是，吩咐手下立刻照办。后来，李继迁的母亲老死在延州，而李继迁死后，他的儿子向宋朝称臣。

巧妙引用刘邦与项羽的典故，这是吕端成功说服宋太祖的关键。试想，如果吕端举的例子只是家长里短，那么宋太祖会改变初衷吗？毕竟，宋太祖乃天子，只有那些大人物的典故，才能打动他的心。

韩非在《说难》中道，“凡说之难，在知所说之心”，指出说服者最大的忌讳就是不了解客方情况，语言毫无针对性。只有做到知彼，才能设计出有针对性的说服策略，从而做到“对症下药”，确保说服成功。

我们很难说服别人，原因就在于我们没有找对方式方法，没有找到最佳的沟通渠道。想要把自己的话语灌输到对方的内心，我们最需要的就是找到对方内心的弱点，对方的弱点是我们的切入口，只有把话说进对方的心坎里，我们才会有绝对的信心去说服别人。

法拉第是发电机发明人，没有他，英国第二次工业革命就很难掀起狂潮。而他之所以成功，则与一次说服有关。

在研究发电机的过程中，法拉第曾遇到过经济危机，于是，他希望得到政府的研究资助。然而，当他带着一个发电机的雏形，满腔热情地讲述着这个划时代的发明时，对面的英国首相史多芬的反应始终很冷淡，一副漠不关心的样子。

法拉第知道，首相对这种科学研究没有兴趣。于是他灵机一动，说：“首相，这个机械将来如果普及的话，必定能增加税收。”

一下子，首相来了兴趣，不断询问法拉第相关内容。就这样，首相改变了初衷，拨给了法拉第一笔不少的研究费用。

首相的长处和关注点，就是国家的税收。而法拉第的话，恰巧击中了他的要害，这样才能成功说服。社会中的每个人都不是相同的，这就要求我们学会见到什么样的人，说什么样的话，只有把最正确的话说给最正确的人，我们才能达到自己的最终目的。

现实中，我们也应如此，比如想要说服喜欢踢球的孩子早点睡觉，那么不妨举出足球明星的例子，对他说：“你看，球星们的生活很健康，所以他们才踢得好！”想要说服热爱户外运动的顾客购买鞋子，你可以说：“我们的鞋子就是针对户外运动设计的，您穿一穿就知道，它是多么适合爬山和郊游！”

说服别人好比与人打仗，而想要打败敌人，我们就必须使用针对性的武器，让他毫无招架之力。纵使你的口才有限，但有时仅仅一粒“致命的子弹”，就能让他俯首称臣！

以彼之矛，攻彼之盾

想要让话语渗透人心，借力打力未尝不是一种说服别人的好方法。很多口才专家都说过这样的话："想要说服别人，最好的方法就是借力打力，让对方不战而败。"

那么，什么才是借力打力呢？其实很简单——以彼之矛，攻彼之盾。

"矛与盾"的故事，相信所有人都听说过。最强的矛攻击最强的盾，结果会是如何？对于这样的问题，所有人都会哑口无言。而这种技巧，就是让对方自相矛盾的一种说服方法。

想要说服别人，让自己的话语变得顺耳，就应该学会借力打力。当别人正在说得逸兴遄飞之时，我们要做的就是在对方观点的基础上，接着再去攻击对方，只有这样，我们才能让对方拜倒在我们的口才下。不要以为这种说服方式只存在于故事中，在中国的历史长河之中，我们经常可以见到。

东汉哲学家王充是著名的无神论者，经常和有迷信思想的人发生激烈的争辩。而他正是通过自己的口才，让一个又一个顽固的人对他甘拜下风。

有一次，王充又和几个人因为"鬼魂"的话题争起来了。一个人说：

“人死了，人的灵魂就变成了鬼。鬼的样子和穿戴跟人活着的时候一模一样。”说完，其他人也点头表示同意。

这时候，王充反驳道：“哦？是吗？我可不相信！”

那几个人说：“你凭什么不信！有本事你说出理由！”

王充说：“照你们的理论，一个人死后，灵魂能变成鬼，难道他穿的衣服也有灵魂，也变成了鬼吗？按照你们的思维，衣服是没有精神的，不会变成鬼，如果真的看见了鬼，那它该是赤身裸体，一丝不挂才对，怎么还穿着衣服呢？并且，从古到今，不知几千年了，死去的人比现在活着的人不知多多少倍，如果人死了就变成鬼，就应该看到几百万、几千万的鬼，满屋子、满院子都是，连大街小巷都挤满了鬼。可是，有几个人见过鬼呢？那些说见过鬼的，也说只见过一两个，这样你们的说法不就自相矛盾了吗？”

王充的话，让他们不知如何回答。这时，一个人辩解道：“哪有死了都变成鬼的？只有死的时候心里有怨气、精神没散掉的，才能变成鬼。古书上不是记载过，春秋时候，吴王夫差把伍子胥放在锅里煮了，又扔到江里。伍子胥含冤而死，心里有怨气，变成了鬼，所以每年秋天掀起潮水，发泄他的愤怒！你说，这不就是很好的证明吗？”

王充笑了笑，说：“可是，你们不要忘了，伍子胥的仇人是吴王夫差。吴国早就灭亡了，吴王夫差也早就死了，伍子胥还跟谁做冤家，生谁的气呢？伍子胥如果真的变成了鬼，有掀起大潮的力量，那么他在大锅里的时候，为什么不使出掀大潮的劲儿，把那一锅滚水泼在吴王夫差的身上呢？”

一下子，那几个人彻底哑口无言了。有几个人还当场赞同王充的想法，成为了无神论者。

王充能够几句话就改变一部分人的固执思维，关键就在于运用了“以彼之矛，攻彼之盾”的办法，用他们自己的话，攻击他们自己的观点，给了论敌当头一棒，使他们瞠目结舌，不得不认同王充的观点。

想要让自己的话语更有杀伤力，就应该把事情分析得更透彻，找到对方的矛盾点，让对方自相矛盾，这样，对方才会认可我们的观点。

而在人际交往中，利用“借力打力”的说服方式主要有两种：一种是纯粹戏谑性的，主要为了显示亲切的情感，引起对方的共鸣，或者为了展示智慧，引起对方的欣赏；一种是斗智性的，好像进行幽默式的智力比赛，互相争上风，这时的调笑性、攻击性更重要。

当然，这里说的攻击性，形式上是很放松的，戏谑意味升级为主要手段。即明明知道对方错了，不但不予以否定，反而予以肯定。而肯定的结果是更彻底的否定，使对方陷入自相矛盾的旋涡之中。这样一来，对方会意识到刚才的行为有所不当，从而被你乖乖“驯服”。

想要做好“以彼之矛，攻彼之盾”，有两点是必须掌握的：巧借事实和幽默。这样，你口才才能发挥最大的效果。

一次，某中学举办辩论赛，题目是《当前运动式校服需要/不需要改革》。

正方说：“我们现在的校服，夏天像透视装，冬天却又像狗熊，叫人如何能喜爱？”

反方二辩说：“那你的意思，是让我们像清朝人一样，穿长袍、穿马褂？”

正方说："难道我们说一定要变成长袍和马褂了吗？"一句话，让反方二辩无话可说。

这时，反方主辩好像发现了什么，说："大家请看，对方辩友身上的衣服，不正是校服吗？看起来，这就很美观大方，非常好地体现了我们学校的风采，不正表明现在的校服很适合我们吗？"

正是凭借着这句话，反方赢得了比赛的胜利。

抓住每一个可以利用的小细节，同时结合当时的环境，这样，对方才能陷入自我矛盾之中。就像反方二辩说的话，虽然也是一种借力打力，但却脱离了实际，这样一来，就自然不会有任何效果。

说得越多，矛盾就会越多，我们何不趁对方自我矛盾之时，发现对方的破绽，然后加以利用，这样一来，我们就会离成功更近一步了。当对方口沫横飞时，我们要做的就是"打太极"，细心观察，这样，我们才能说服对方，才能让舌头上的肌肉力量完全展现出来！

沟通，心与心无声的共鸣

有句古话，叫作“晓之以理，动之以情”。想要把自己的话语灌输到对方的头脑里，我们不如先让自己的话语软着陆，先找一些彼此之间的共同点，然后，用人情去打开对方的心灵，这样，我们的话语才能顺着人情的管道，输入到对方的心里。

很多时候，说软话离不开讲人情。因为人都是有感情的，而且“情感”往往也是人类最脆弱之处。所以，要想说服别人，就应该先用软话打动别人，从情感入手是最简单有效的。

同窗之情，不是友情胜似友情。昔日同窗的音容笑貌还存留在记忆之中，虽时隔多年，现已不认识对方，但经言语的生动再现，可以使对方想起往事，在这种氛围之中，要说服对方是非常容易的。

小杜是一个建筑工程队的“工头”。最近，小杜的工程队在和另一个工程队竞争承包一项工程，由于种种原因，小杜觉得自己处境不利。便打算想要找到工程的上级单位领导进行说服。可是小杜打了无数次电话都被拒绝了。

最后小杜亲自跑到了上级单位，但还是被拦在门外。这时，小杜想起了自己在这个单位的一个老同学小周，便趁中午吃饭的时候把小周约了出来。

两人一边喝酒一边叙旧，聊得正酣。这时，小杜对老同学提到了工程的事，说："这年头，像我这种工头接点活不容易，但总比没饭吃强。可是眼下真就要吃不上饭了，跑了你们单位很多趟，根本就摸不着门路，难啊。"

小周听到小杜的诉苦，拍拍小杜的肩膀，说："这样吧，别的我也帮不上你什么，但是起码能让你和我们领导见面谈一下。咱们吃完饭就去。"

小周虽然没有帮小杜解决什么决定性的问题，但起码帮小杜打开了一扇门。而小杜通过与"同窗"叙旧，顺势说软话，也成功地利用同窗之情为原本办不成的事开了一个缺口。可见，求人办事说软话时，"同窗之情"是很有力量的。

想要说服人，借助情感是一条捷径。我们不仅可以借助同窗之情，也可以借助同乡之情……当然，我们想要接近一个人，最好的办法就是投其所好，把自己的人生观、价值观、世界观和对方无限制地接近，有了这么多的共同点，对方对你也就自然而然产生一种英雄相惜的感觉了，这就是认同感，讲的就是人情。

朋友交往不单单在表面上，更多的是在于我们每个人的内心，要善于分析你要交往的人，把自己的位置和心理逐渐向他靠拢，就自然会吸引到对方的注意了。人际交往中，讲人情是一种独特的交往艺术，它能在最短的时间里拉近人们心灵的距离，进而博得对方的好感。

张先生是一家公司的老板，最近公司经营上遇到了一些难题，资金有些运转不开，本来他是想去贷款的，但是银行调查了张先生公司最近的情况，发现了他公司出现的问题，就没有贷款给他。

正当张先生一筹莫展的时候，他想起了孙经理。孙经理是另一家公司的经理，公司规模很大，资金雄厚，但是孙经理这个人却非常吝啬，可张先生实在是走投无路了，只好去找孙经理碰碰运气了，能借来资金固然是好，借不来也没什么损失。

张先生斟酌再三，决定顺着孙经理的套路走，也先摆出一副吝啬的样子，这样，孙经理就会觉得张先生是他的“同道中人”。

到了两人约定的时间，张先生换上了一套非常普通的衣服，就连鞋子上也故意打上了补丁。不仅如此，张先生还是跑着去孙经理家的，当时正是三伏天，骄阳似火，等跑到孙经理家的时候，张先生已经是汗流浃背了。

孙经理看到满头大汗的张先生，觉得非常奇怪：“你这是怎么回事？怎么出了这么多汗？”

张先生边擦汗边说：“我是骑自行车来的，没想到自行车在半路上坏了，我怕迟到，就推着车子跑过来了。”

孙经理还是非常奇怪，继续问：“那你怎么不打车过来呢？”

张先生解释说：“你不知道吗？我一向很小气的，打车要花很多钱，我本人又没有买车。父母生我养我，给了我一双脚，就是为了让我赶时间的时候，用这双脚走路，这样不仅把钱省了，还能强壮自己的体魄，何乐而不为呢？你看我，鞋子破了都舍不得去买，不像孙经理这么成功，计程车是专为你这样的人提供的。”

张先生事前调查过孙经理，知道他真的没有私家车。

孙经理说：“我也很小气啊！我和你一样，都没有私家车！”

张先生继续说：“不，你是节俭，绝不是小气，你不知道，我身边的朋友都管我叫‘葛朗台’呢！”

孙经理非常惊愕："是吗？我没听你朋友这么称呼你啊！其实，我才是名副其实的小气鬼呢。"

张先生顺着孙经理的话继续说："孙经理，人就是应该小气，把钱用在刀刃上，这样，才能更好地创业！"

孙经理拊掌大笑："你说得太对了！"当即起身，大觉两人相见恨晚。

张先生看到时机已然成熟，就说出了最近所遇到的困境。孙经理看到张先生有困难，不假思索地就把钱借给了张先生。

认清你要说服的人，找到你和他的通性，然后讲人情，把话说到对方的心中，触碰到对方的敏感神经，只有这样，我们才能达到说服对方的目的。张先生说服孙经理，就采用了这样的方法，他先让对方和自己的内心走近，这样，当心与心产生共鸣之后，再想要说服，就显得尤为容易了。

在我们说软话，用人情去打动别人的时候，就应该找对方式方法，这样才能博得对方的好感。如果我们与人交往只是我行我素，总是只看到自己的利益，而不能替对方考虑，那么，我们与人交往就会变得非常困难。面试中更是如此，主角不是你，而是面试官，他有对你面试的最终决策权，所以，你最应该做的就是向面试官靠拢，让他感觉你是"自己人"，这样一来，面试成功也就成了顺理成章的事情了。

人都是有感情的，再铁石心肠的人也终究会被感情所打动。所以在与人进行交谈并劝说别人接受自己的观点，或者是在寻求帮助的时候，如能在软话里面掺杂一些人情进去，就更能加大成功的砝码。

控制住情绪，做情绪的主人

如果我们带着情绪与人沟通，只会让对方看到我们不冷静的一面。带着情绪去说话，脸红脖子粗去争论，这样的做法，只能代表我们没信心，与此同时，我们也将很有可能被情绪带动，最终吞下失败的苦果。

我们每个人都有争强好胜的天性，沟通过程中，我们会受到各种各样的刺激，有的人忍受不了，情绪就会上涌，这时，他所说出的话就会非常不冷静，这样一来，我们本来在心里酝酿好的话，也会在这一刻消失殆尽。

冲动是魔鬼，我们常常不自觉地陷入与人争吵之中，而争吵的结果就会使得双方矛盾更加激化，更加相信自己是正确的。最后，我们不得不置身于这样的旋涡：越说越争，越争越不服。结果，你不仅没有成功说服对方，反而还树立了一个敌人。

某位经理脾气比较暴躁，并且对工作总是一丝不苟，如果看到部门经理对工作不负责任，或者令他不满意，就会当时当地直截了当地指出来。

尽管经理这样做是为了工作，部门经理心里也明白，知道经理并不是责骂他一个人，但是心里毕竟不是滋味。

事后，经理冷静下来，知道自己太冲动了，而且后来听部下解释说，这个部门平时工作也是十分出色的，只是因为特殊情况有些小错，但工作成果还是可观的。

于是，经理在他那天下班之前，派人把部门经理找来说："今天委屈你了，首先怪我太冲动，没有完全了解情况，对你的责怪不当，请原谅。不过，你们部门的工作仍需要提高，相信你能做到这一点。"

几句话使部门经理的心得到了安慰，同时又有一种被信任感，再大的委屈也都飞到九霄云外去了。

有些人在批评别人时，常常会控制不住自己的情绪，以至于批评得有些过火，严重挫伤了别人的感情。此时，我们就要做好善后的安抚工作，尽量及时地控制住自己的情绪，并当面采取措施暗表歉意和鼓励，以便缓和对方的反感情绪。尤其是如果被批评的人是心怀不快地离去时，我们就更应该在被批评的人的同事、家人、朋友等身上做做文章，通过他们之口传达自己的歉意之情与关爱之意，让被批评者感到你心里真正装着他们，自然而然地消去怒气审视自己。

生意场上讲究和气生财，说的意思就是人和了，彼此之间的贸易往来才会顺畅，也才会为双方赢得更多的利润。那么同样，和谐之气在为人处世方面也一样重要。人都是环境的动物，没有和谐的环境，又如何企求个人更好地发展？而往往是，心情可以自控，环境可以创造。只有抱着一种与人为善、求和求友的心态，才能建立起良好的人际关系，从而走向良性循环的发展模式。

控制住情绪，做情绪的主人，我们才能处理好人际关系，才能得到更多人的尊重。对家和为兴，对友和为贵，这不仅是一句嘴上的空话，更是我们应该用实际行动去做的。只有这样，才能让自己的未来更敞亮。但是很多人往往控制不住，就会选择据理力争，这样一来，对方就根本不可能再接受我们的意见了。

打个简单的比方：一个顾客走进一家时装店，非常喜欢一件衣服。这时候，店主一定会努力说服他购买。但是，顾客说："这衣服有点贵。"店主马上开始反驳："这衣服才不贵呢。"于是，双方针锋相对，围绕衣服是否太贵的问题开始争吵。在这种情况下，如何能达成交易呢？

下面这个案例，同样是因为说服变成了争吵，结果导致更坏的局面出现。

杰克是一个外国人，在北京一家公司工作，任商务部经理。在这家公司，他已经工作了三年了，虽然说自己没有给公司带来什么丰厚的利润，可是在工作上，也可以说得上是兢兢业业、勤奋有加。

只身来到中国，杰克的目的就是为了赚钱。可是这么多年过去了，杰克的工资依旧没有涨，这让他的心里有些不舒服。于是，他决定和老板商谈，给自己加薪。

第二天一早，杰克西装革履地来到了老板办公室。可是，在他说明要求后，加薪的愿望不但没有实现，反而被老板"将了一军"。原来，对于公司来说，杰克所在的部门是成本的中心，公司正在决定是否要撤销这个部门。

听了老板的决定，杰克立刻火冒三丈，他拍着桌子大喊道："你凭什么这么对我！"

老板耐心地说："杰克，现在经济不好，难道我这么做有错吗？"

可是，杰克已经被冲昏了头脑，他不顾形象地咆哮道："NO! 我理解公司的困境，可是你们不能这么对我！你们必须给我加薪！"就这样，他劈头盖脸地和老板吵了起来，企图以强有力的“高嗓门”战胜老板，逼其为自己加薪，同时，也保留住自己的部门。

不过，争论到最后，杰克不但没能为自己挣得利益，反而还招来了一群看客。一时间，公司内部都知道了这件事情，甚至连合作伙伴也得到了消息，纷纷打电话过来询问，这让老板的面子很挂不住。

杰克的加薪要求成了这件事情的导火线，结果一个星期之后，这个部门便被撤销了。而杰克也不得不收拾行囊返回本国，因为这件事在业界传开了，没有一个公司愿意接受这样一个“不懂规矩”的外国人。

杰克的初衷没有错，毕竟任何人都渴望加薪，尤其是在一个部门中工作了多年。可是“你们不能这么对我！你们必须给我加薪！”的话，却把交流的大门关上了。一个原本应当友好的说服，最终变成了争吵，杰克为此付出了惨重的代价。

所有人在争吵时，都会与杰克一样，表现为缺乏思路的情绪，随心所欲地说到哪里是哪里，滑到哪里是哪里，甚至动用讽刺、挖苦，以声大压人，以势大压人。

我们要知道，人与人之间，想要说服对方，让对方接受我们意见，我们要做的就是先让自己冷静下来，然后再平心静气地讲出自己的意见和建议，只有这样，对方才愿意听我们说，更会愿意接受我们的意见。

我们每个人都喜欢谦和有度的人，都不喜欢冲动的人。平心静气地去说话，就算对方不喜欢你，他也会认真聆听你的建议。把自己的思想灌输给别人，需要的就是不断沟通，但是这样的说服不是争吵，不是比声音大，它是一种沟通方法，而目的则是为了双方达成一致的想法。

纵观那些成功人士，无论采用什么方式去驾驭别人，他们都能够保持冷静的头脑，努力控制局面、掌握主动权，以“迎合别人的意志”及“免除反对意见”的策略来感动别人。总之，你要努力让双方局势趋于缓和，尝试着做某些非原则性的让步。有许多人并非以论据去反驳对方，往往是意气用事，为反对而反对。若有一方能稍作让步，对方就会不再反对而使气氛和缓下来。

归根到底，把自己思想传达到对方头脑的过程中，我们一定要保持冷静。人与人见了面，总不免要说话，也就不免会听到不同的意见。对此采取什么态度，应该根据当时的情形，好好地加以考虑，千万不要将说服变成争吵。而那些不理智的语言，更要让它们烂在肚子里！

最甜美的暖心话

中国有一句古话：“君子喻于义，小人喻于利。”正是因为这种传统思想，很多人都觉得，谈钱是一件特别俗气、特别伤感情的事。

其实，我们不必如此迷惑，我们可以用真诚的赞美去打动对方，这样，事情也会变得顺理成章。尤其是在职场中，如果我们想让同事帮忙，或者是向领导提出一些要求，就更需要我们找到最佳的沟通方式。

比如，对于理想中的薪水，我们的期望值不要太高，就算高一些，我们也应该学会给苍白的话语涂上色彩，用巧语去感化对方，只有这样，我们才能获得自己想要的。

对于理想的薪水，真正有诚意的用人单位都明白，只有提供了合理的薪金，才能调动员工的积极性，才能留得住人才。

所以，在面试阶段，我们就不要刻意逃避薪金的问题，该谈还是要谈。如果你能展现出自己的语言技巧，或许公司还会因为你的好口才而越发重视你，让你的职场之路愈发顺畅。就像下面这则案例，顾先生利用巧言妙语，不仅拿到了合理的薪金，更得到了领导的赞赏：

2009年初，武汉某家大型外贸公司进行招聘，聘请一位销售总监。顾先生就是面试者之一，他的工作经验引起了公司的注意，最后决定与他签约。

签约前，顾先生和公司就薪金问题展开了讨论。顾先生期望能够拿到每月10000元的工资，可是，负责招聘的人事主管并没有招收这么高工资级别员工的权限。顾先生说："我希望贵公司能够为我提供10000元的月薪，据我对自身能力和行业状况的了解，我的要求并不过分。"

人事主管为难道："可是，目前咱们公司给你的月薪标准是每月6000元。按照你的要求，如果我们给你提供10000元每月的工资，就相当于你的月薪一次性翻了一番，这在整个行业中都是没有先例的。当然，我们也有涨工资的机会。如果你做得好，那么涨工资的幅度在10%~30%之间。"

顾先生笑了笑。他平静地说："正是因为我之前的公司给我的薪水与我的贡献完全不匹配，我才来咱们公司继续发展的。毕竟，我也要养家糊口，如果工资太低，我实在不可能接受。当然，月薪10000元不必是实开，换算福利或是股票也可以，即便贵公司目前仅仅给我7000元每月，我也是可以接受的。"

人事主管听完，立刻来了精神，说："的确，以你的实力来看，每个月

10000元是完全合理的。但是，我并不是老板，按照我的权限就只能给你7000元的月薪，至于剩下的就只能看你自己的表现了。不知道这样的你是否满意?”

顾先生点了点头，说：“好吧，那就7000吧。”

这时，人事主管又面露难色：“有些话我还要说到前面。7000元每月是我能提供的最高数额，但是这个数我需要向董事会申报才行，这样的话会很麻烦，你觉得6500怎么样?”

顾先生坚定地摇了摇头，说：“不，我希望是7000元一个月。”

人事主管终于笑了，说：“哎，你们这样的人才可真厉害！好吧，我答应你了！希望咱们未来合作愉快！你的口才这么厉害，看来将来谈判的事情要多靠你了！当然你放心，如果是分外工作，我们一定会奖励!”

顾先生的聪明之处就在于，他牢牢掌握着主动权，例如“据我对自身能力和行业状况的了解”、“月薪10000元不必实开”，这样的语言，就能把压力转给对方。毕竟，没有一个公司愿意看到人才的流失，因此自然不会开价过低。

所以说，关于薪酬的讨价，不仅关乎自身的利益，更反映出你的智慧、才识以及对行业的熟悉程度。就像顾先生那样，本身有实力，对整个行业的状况都非常了解，再配合上不错的谈判技巧，这样一来，在关于薪水的讨论中，顾先生就处在了一个相当有利的位置，让对方不得不答应他的要求。

相反，如果在待遇问题上不发一言，无论多低的工资都一口应承下来，用人单位就会认为你求职目的不纯，就会产生怀疑，这样一来，因为你的急于求职，盲目做出决定，就有可能会适得其反。

说话要动脑子，不要总是你来我往，不懂变通，这样一来，我们只能和成功说再见了。给自己的嘴抹上蜜，我们才能让自己说出来的话展现出让人着迷的魔力，才能让所有人看到我们最有魅力的一面。

瓦莱乔是一名留学生，高中毕业之后他就到了新加坡留学。从第二年起，瓦莱乔深知家中负担比较重，就开始半工半读，他的英语很不错，于是就到了一家杂志社做兼职。

初涉职场，瓦莱乔感觉一切都是新的，每件事情都要从基础做起，别人能够很快完成的工作，瓦莱乔却要花更长的时间，每天的工作很难按时完成，于是瓦莱乔就晚上独自加班。这样下来，瓦莱乔的精力就不够充沛了。但是公司不会因为他是个学生，就减少他的工作量。

瓦莱乔也是一个非常好强的人，他从来不和别人诉苦，只是在心里默默承受着。瓦莱乔对自己的一位同事说："虽然我每天工作很累，很晚也不能休息，但是我知道，这是上司对我的信任，他为的就是让我能学到更多的东西，我是非常感激他的。我要趁着年轻，继续努力，不辜负上司对我的期望。"

瓦莱乔知道，自己说的话一定能传到上司耳朵里。果不其然，上司听到了瓦莱乔同事的话，觉得自己给瓦莱乔的工作太多了，就主动找到了他，并且给他适当减少了一些工作，给他提供一些更好的学习机会。

瓦莱乔的暖心话收到了非常好的效果，不仅让上司了解了自己的状况，而且让上司对他产生好感，及时减少了瓦莱乔的工作量。生活中也是如此，要在恰当的时候让对方发现你对他的尊重。

我们都喜欢被称赞，就算是和别人产生了误会，也总是希望别人主动退一步，来迎合自己，但是往往别人也和你想的一样。我们最应该做的就是用巧语去迎合对方，这样别人对你的印象才会改观，别人才会更加觉得你可蔼和亲了。